古建之美

陈从周 著

江苏凤凰文艺出版社
JIANGSU PHOENIX LITERATURE AND ART PUBLISHING

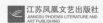

图书在版编目（CIP）数据

古建之美 / 陈从周著. — 南京 : 江苏凤凰文艺出版社, 2023.4

ISBN 978-7-5594-7036-2

Ⅰ. ①古… Ⅱ. ①陈… Ⅲ. ①古建筑-研究-中国 Ⅳ. ①TU-092.2

中国版本图书馆CIP数据核字(2022)第127985号

古建之美
陈从周　著

出 版 人　张在健
策　　划　汪修荣
责任编辑　张　黎　姜业雨
书籍设计　周伟伟　张云浩
部分供图　陈　坚
责任印制　刘　巍
出版发行　江苏凤凰文艺出版社
　　　　　南京市中央路165号，邮编：210009
印　　刷　苏州市越洋印刷有限公司
开　　本　718毫米×1000毫米　1/16
印　　张　21
字　　数　260千字
版　　次　2023年4月第1版
印　　次　2023年4月第1次印刷
书　　号　978-7-5594-7036-2
定　　价　98.00元

序

文史与规制，技艺与格致

陈从周先生古建研究文集《古建之美》汇集出版，让我们这些昔日的学生们倍感欣喜。回忆当年从游时，听讲、读书、踏勘、测绘的情景历历在目。陈先生对中国古建筑的研究，可谓博古通今，文理俱备，既有中国传统的大学小学相结合研究的态度，又有当代研究科学技术方法论的运用。研读下来，有四个突出的风格。

一、重视历史文化。先生长于文史资料，认为研究古建之美，必先从文献历史入手。查相关方志，读历代笔记，考碑刻铭文，访掌故传说。江苏浙江上海广东，山西山东北京河南，南北各地，都在先生的眼里和心里。相关古建筑的沿革流变，兴衰历程，相关人物，往往在先生论文中仅数百字，就讲得清清楚楚。如《浙江武义县延福寺元构大殿》一文，对建筑题记的记录与分析，鞭辟入里，推导精彩，令人赞叹。与古建筑有关的人和事，也是先生关心和研究的对象，如《朱启钤与中国营造学社》一文，就有独到的观点和史料。

二、研究规制格局。陈先生研究古建筑，不仅关注建筑物本身，而且联系历史的制度与风俗的影响。梓翁曾经问我们，为什么说“牡丹富贵花中王”？我们答不上来。先生解释道，牡丹是一干三枝，一枝三叶，象征三公九卿，符合古代理想的制度。建筑也是如此，建筑是表达社会关系的一种方式，我们要探究“物情、物理、物态”。他在《恭王府的建筑》等文章中，就表述了中国古代建筑规制格局的关系，同时也关心其中的例外所表达的社会演变关系。

三、考量工匠技艺。先生擅丹青，观察细致，晚年尤喜绘墨竹兰花。“虽然高下分浓淡，总是新篁得意时”。他对建筑构件的形态、比例、材质和加工工艺兴趣浓厚，总在思考之后讲出非常有意思的看法。文集中《姚承祖与〈营造法原〉》一文，就对建造技艺和形态流变之间的关联提出了非常有价值的关注。我还记得当年先生筹款翻印了《匡几图》《燕几图》，今天的旧书网上还能找到。这样的细致入微，在古建筑研究中，非常难得。

四、追求格物致知。“月明星稀，乌鹊南飞，绕树三匝，何枝可依。”这是《短歌行》中的四句。陈从周先生带领师生测绘古建筑，以此改成了四句口诀：眼明心细，找到南北，绕屋三匝，有轴可依。这是运用当代建筑学方法进行实地测绘的原则，要有敬畏之心，仔细观察，在地形环境中找到方位，描述建筑与相邻建筑、街道、河流的整体关系，画出看不见的“轴线”。陈先生珍视传统文化，但也积极运用当代科学技术的方法和手段，从不保守。比如他对研究中国古建筑的德国学者伯尔希曼（又译柏石曼，Ernst Boerschmann）和梁思成先生用什么相机了解得很清楚；他对拍古建筑室内照片的体会是：用黑白胶卷，配三脚架，16—22小光圈，10分钟慢速度曝光，揿下光圈出去抽一支烟，回来照片差不多就好了，照片冲印出来，比肉眼看得更加清楚；当年他还给我们看过他拍的古建筑玻璃板底片和新老相机。在文集的《苏州宝带桥》一文中，就可以看到先生对古桥的几何形状、材料构成的定性定量分析成果。

余生也晚。入陈先生师门时，先生已经年近七旬，随先生去外地调查古建筑的机会不算多。但我们曾经有幸跟着陈先生去山东泰安岱庙测绘，补充了部分测绘图。也曾奉师命与王鲁民师兄一起去北京、天津、西安、登封、郑州、洛阳、新密、三门峡、风陵渡、永济、解州、芮城、运城、洪洞、侯马、稷山、万荣、绛县、襄汾、临汾、汾阴、平遥、五台、浑源、应县、太原、繁峙、大同等地调研，与王鲁民、雍振华师兄等去曲阜、邹县、兖州、广饶、万德、历城、长青、济南、淄博、青州、潍坊、蓬莱、苏州、南京、镇江、常州、无锡、扬州、杭州、绍兴、松江、青浦、嘉定等地参观，凡五十余地。回想当年古建调查旅程，面对今天先生古建文集，更加体会到先生研究古建筑的风格和指导学生的方法，真是令人感恩、感念、感慨。中国古建筑之美，美在整体格局和人文环境，美在既有规制与权变机动，美在能工巧匠与土木形态，美在格物致知与古今传承。陈先生研究古建筑的观点和方法，对我们认识建筑文化传统，始终有非常重要的价值。

陈馨师姐，整理陈先生文稿经年。文集既成，嘱我为序。自以为才疏学浅，不堪重任，有众多专家、多位师兄可以推荐，故再三请辞，而馨姐不允。于是诚惶诚恐，抚今追昔，思忖月余，落笔千言。不敢为序，但为怀念吾师，权作浅显导读。

李振宇　敬撰

壬寅岁末，同济北园，听雨轩中

目录

园宅篇

拙政园园主考

苏州拙政园更易园主至多，今可考者记于下，似可尽得之矣。

王献臣敬止、徐少泉、陈之遴、驻防将军府、兵备道、王永宁、苏松常道新署、王皋闻、顾璧斗、严公伟、蒋棨、诵先（西部叶氏、程氏）、查世倓字憺余、吴菘圃名璥、李秀成、善后局、江苏巡抚衙门、八旗会馆（西部补园属张履谦）、汪伪江苏省政府、伪江苏社教学院、苏州专署、苏南文物管理委员会、江苏博物馆、苏州博物馆。

兹抄存有关拙政园资料：

郭则沄《十朝诗乘》卷六有叶士宽在拙政园设舍课士，“笙歌台榭间乃得有此酸寒气味”。善后局以白银三千两从吴氏手中买得，同治十年（1871）照原价加修理费二千元缴公，于次年正月收为八旗奉直会馆，见李翰文《八旗奉直会馆四变创建记》，世勋《八旗奉直会馆记》。

光绪五年（1879）张氏筑补园（王先生欣夫云，张宅通忠王府之门上，尚有李鸿章之封条），张履谦《补园记》曰：“岁己卯，卜居娄门内迎春坊，宅北有地一隅，池沼澄泓，林木蓊翳，间存亭台一二处，皆欹倒欲颠，因少葺之，芟夷芜秽，略见端倪，名曰补园。园之东，故明王槐雨先生拙政园也。一垣中阻，而映带联络，迹历历在目，观其形势，盖创建之初，当出一手，后人剖而二之耳。”今日补园所存建筑，唯倒影楼为旧构，余皆张氏新葺；鸳鸯厅本无，其处为一河埠，置一浮舟，太平天国时曾于此处决罪犯，后建此厅，极尽华丽，因地位有限，厅大，遂将厅之北部挑出水面。假山亦经修理，已为同光体了，当出顾若波之流画家之设计。厅旁宜两亭建于山上，可望东部，故名，盖

1

2

1 位于苏州拙政园旧址的八旗会馆中的月亮门

2 位于苏州拙政园旧址的八旗会馆中的长廊与曲桥

取“绿杨宜作两家春”之意。李棪《东林党籍考列传》：王心一，字纯甫，号元殊，南直隶吴县人，万历四十一年癸丑（1613）进士，官御史。

拙政园东部开工于崇祯四年（1631）秋，成于八年（1635）冬，十三年（1640）又加修葺，《吴县志》有文及之。沈德潜为王遴汝（心一曾孙）作《兰雪堂图记》。王广心有《拙政园歌》。吴梅村有《咏拙政园山茶花》诗。顾心燮《消夏闲记》摘抄：“康熙十七年，改为苏松道署，道台祖道立葺而新之。缺裁，散民居，有王皋闻、顾璧斗两富室分售焉。其后总戎严公伟亦居于此，今属蒋氏，西首易叶、程二氏矣。”曾名“书园”，案蒋棨字诵先，吴县人，官知府，乾隆十二年（1747）得此园。叶士宽字映庭，号筠洲，苏州东洞庭山人，举人。见彭启丰《芝书集》卷十二，赵怀玉《奉题外王父叶公士宽遗像四十韵》原注。赵怀玉《亦有生斋集》卷二十，题为《登外家拥书阁，故拙政园址也，有感赋此》：“名园擅金阊，城北数拙政。外祖致仕归，卜筑割三径（半为蒋氏园）。两舅各肯构，遗书互相订。余少恣嬉娱，日涉不为病。兹阁建廿年，犹能及甚盛。中藏缥缃富，外有花竹映。四面骋远眆，十景传清咏。”（阁有十景，余向有诗）此诗作于乾隆三十五年（1770），据此则拥书阁建于乾隆十五年（1750）左右。此拥书阁即今之倒影楼。蒋氏复园部分亦建于乾隆十五年（1750）。钱泳《履园丛话》之二：“嘉庆二十年……后三四年闻此宅已为他姓所有。”《苏州府志》卷四十六：世倓字憺余，以举人官刑部。《亦有生斋集》卷十二：《六月八日查北部世倓招集翙鹤堂，次列少宗伯跃云韵》诗一首作于乾隆五十八年（1793）。嘉庆末归吴氏。何绍基（字子贞）道光三十年有诗跋，云已亭台多圮倒。吴璥字式如，号菘圃，嗣爵子（嗣爵曾官江南河道总督），乾隆四十二年（1777）进士，官至吏部尚书，协办大学士，著有《楞香斋诗存》。吴浙江平湖人，查浙江海宁袁花人。徐乾学《苏松常道新署记》："海宁（从周案：为陈之遴）得罪入官，驻防将军以开幕府，督旅既还，则有镇将某之失高官焉。亡何而前兵备使安公为治所，未暇有何改作。既而归于永宁，凡此前人居之者，皆承拙政园之旧，自永宁始易置丘壑，益乃崇高雕镂，盖非复图记诗赋之示云云矣。"《西河合集杂笺》："平西额辅构园亭于吴，即故拙政园址也。"康熙十七年（1678）改为苏松常道新署，见陈维崧诗。以上琐琐，容可补治拙政园志之需。予谓拙政园其布局在两原则下为之：一建筑物与山石之对比，此似可谓皆知者，而高下之对比则罕见之也。试以补园部分而论，倒影楼与宜两亭，鸳鸯厅与浮碧阁，留听馆与塔影亭，一高一下，而同中寓不同，非一律对待，倒影楼、鸳鸯馆、留听馆三者皆在平地，但其对景，宜两亭突出山巅，倒影楼为二层之阁，浮翠阁亦突出山巅，鸳鸯厅为单层厅事，两者之对比则又不尽同。至于留听馆虽在平地，对景塔影亭又低于水面矣。真是变化多端，于此可得其消息矣。据此理推之，则中部之景物其运用手法又何独不然耶？

拙政园的演变与掌故

清吴骞《尖阳丛笔》卷一：

> 拙政园台池林木之盛，甲于吴中。明嘉靖中，御史王献臣始辟之。其子以博逋偿徐氏，传子及孙。又归于陈素庵（之遴）相国，迁谪后，改驻防军府。未几为某氏所有（从案：指吴三桂婿王永宁），益大事结构，以侈游观。中有楠木厅九楹，四面虚阑洞槅，备极宏丽，柱凡百余，础径三四尺，高齐人腰，皆故秦楚豫王府物，车驼辇致，所费不赀。某败后，官悉毁之。柳蘼芜亦尝寓此，中有曲房，乃其所构。陈其年诗云："此地多年没县官，我因官去暂盘桓；堆来马粪齐妆阁，学得驴鸣倚画梁。"其荒凉又可想见矣。康熙中，改为苏松粮道署，今则散为民居，唯宝珠山茶尚无恙。往年有虎入其中，亦异事。

此节为近时谈拙政园掌故者所未及者。楠木厅之位置，似应在今之远香堂，盖四面虚阑，仿佛相称，然面阔九间，似有所夸大。以现存远香堂观之，当是乾隆间蒋棨居园时所构，而柱础则为明末。所谓秦楚豫王府遗础，今无有存者。抑吴氏传闻之误否耶？

案：明制面阔以九间为尊，清初尚承之，此或出于园为吴三桂婿王永宁所占，因三桂欲称帝，故谓其厅九间也。且远香堂即与其旁之倚玉轩址合并，亦难置九楹之厅，而百余柱础皆径三四尺更无安插之地，此记似有失实。陈其年一诗语多平实，足资参考。又案：清初徐乾学所为之记亦有楠木厅雕镂柱础之说，但征之恽南田所记，未及此端，如有必不在园中。

1

2

1 苏州拙政园中的云墙与月亮门

2 苏州拙政园中，曲桥跨过水流

恽南田《瓯香馆集》卷十二：

> 壬戌八月客吴门拙政园，秋雨长林，致有爽气，独坐南轩，望隔岸横冈，叠石崚嶒，下临清池，硐路盘纡，上多高槐、柽柳、桧柏，虬枝挺然，迥出林表，绕堤皆芙蓉，红翠相间，俯视澄明，游鳞可数，使人悠然有濠濮闲趣。自南轩过艳雪亭，渡红桥而北，傍横冈循硐道，山麓尽处，有堤通小阜，林木翳如，池上为湛华楼，与隔水回廊相望，此一园最胜地也。

从周案：壬戌为清康熙二十一年（1682），南田五十岁（生于明崇祯六年癸酉，1633；死于清康熙二十九年庚午，1690），其时吴三桂已死（清康熙十七年，1678）。而所记拙政园景如此详实，足证前节吴氏笔记之多商榷处也。南轩为倚玉轩，艳雪亭似为荷风四面亭，红桥即曲桥，湛华楼以地位观之，即今之见山楼位置，隔水回廊所在地，与现时柳阴曲处一带出入亦不大。此文实为拙政园清初重要史料，对复原维护等多方面具参考价值。惜士能师往矣，未能及见此文，不然必拍案叫绝，频频作笑也。

友人启元白教授（名功，字元白）示我拙政园旧图，乃其曾祖溥玉岑（名良，姓爱新觉罗）任江苏学政时所绘，其时为清光绪间，故园前之大建筑群，门首额苏州八旗奉直会馆。此园之特点，即东园南端有水田，北端西角有二层畅观楼，沿北墙平屋一排。西部（已属张氏，易名补园）未绘入。中部见山楼下称藕香榭。小沧浪名清华阁，得真亭名月香亭。倚玉轩犹名南轩。我尚忆得远香堂溥玉岑一联片断：“我来值山茶开后，携手邀一二知己，对花重读梅村诗。”

北京怡园

北京怡园之资料，朱一新《京师坊巷志稿》言之甚详，录如下：西小胡同曰七间楼……《水曹清暇录》：怡园在米市胡同，跨连烂面诸胡同，极宏敞富丽。竹垞朱检讨有同陆元辅、邓汉仪、毛奇龄、陈维崧、周之道、李良年诸征士燕集诗六首。《宸垣识略》：七间楼在东横街南半截胡同口，即怡园也。康熙中，大学士王熙别业。相传为严分宜别墅。北半截胡同有听雨楼，则东楼别墅，今归查氏。王士祯《居易录》：怡园水石之妙，有若天然，华亭张然所造。然字陶庵，其父号南垣，以意创为假山，以营丘、北苑、大痴、黄鹤画法为之，峰壑湍濑，曲折平远，经营惨淡，巧夺画工。《茶余客话》：华亭张涟能以意叠石为假山，子然继之，游京师，如瀛台、玉泉、畅春苑，皆其所布置。王宛平怡园，亦然所作。王崇简《青箱堂集》：正月十六夜，儿熙《张灯怡园侍饮诗》："闲园暮霭映帘栊，秉烛游观与众同。月上空明穿径白，烛悬高下满林红。承欢春酒烟霞窟，逐队银花鼓吹中。共羡风光今岁好，升平唯愿祝年丰。"《藤阴杂记》：怡园跨西北二城，宾朋觞咏之盛，诸名家诗几充栋。胡南苕会恩《牡丹》十首，铺张尽致。查查浦集有公孙枚孙、景曾、庚辰招集怡园诗，已非全盛。汤西崖《怡园感旧诗》："今日城南韦杜少，旧时池上管弦多。"汪文端《感宛平酒器》诗注：园已毁废数年。是为乾隆戊午。此后房屋拆卖殆尽，尚存奇石老树，其席宠堂"曲江风度"赐匾，委之荒榛中。今空地悉盖官房。相传吾乡沈舱翁太史少游京师被酒过横街，值怡园诸姬归院失避，以爆竹炙面而归，故先君《上元》绝句云："宣南坊里说遗闻，丞相园林步障分。犹记笙歌归院落，一时憔悴沈休文。"案：《毛奇龄集·宛平王相公园林诗》，有"才到射堂门启处，门纱映出一山蓝。

行遇摘星岩畔望，红亭高出碧云间”之句。知园中有射堂、摘星岩也。又听雨楼相传为严分宜东楼，前后即其旧址。汪荇洲侍郎曾寓，见王楼村集。近韦约轩谦恒，自四松亭移居，有醉经堂、古藤书屋、得石轩、松石间精舍、槐荫馆、绿天小舫、桐华书塾，同人分体赋诗，今归查氏。其旁为吴兴会馆，自是楼旁余屋。案：查慎行《敬业堂集》有集听雨楼诗。《毕弇山年谱》：甲申十月，移居宣武门外听雨楼。楼后二小轩，汤文宰右曾书额曰“得石”。有《听雨楼存稿》四卷。查嗣瑮《查浦诗钞》，《同杨耑木中讷移寓半截弄诗》：“衣箧书囊不满车，傍谁池馆觅新华。云离翠岫原无主，燕值雕梁便是家。随地可赊邀月酒，有钱先买探春花。故园不是无茅屋，梦里寒梅一径斜。”《癸巳，使广东还京，仍移半截旧寓，诗呈汤西崖院长，周桐野宫端。汤则南邻，周则旧寓此宅》，诗云：缕络藤梢架未芜。自注：中庭紫藤系宫端手植。名起渭，贵筑人。褚廷璋《接叶亭图诗》自注：余旧寓半截胡同，与接叶亭为比邻。《藤阴杂记》：秦鉴泉大士寓半截胡同。庚辰，庭产芝草，长君承恩中式，作《瑞芝》诗。庚辰，又茁一芝，次子承业中式，赋《后瑞芝》诗。又齐次风召南移寓半截胡同，赋诗八首。阮裴园检讨学浩与弟学浚和韵。巷南迫近横街。《船山诗草》：《自宫菜园上街移居北半截胡同》诗中有“菜园屋券价已昂，我宁扣俸租官房”之句。

怡园图所示怡园景物，其主要建筑物临水筑二楼皆三间，正中之楼后又有主楼，殆即所谓七间楼也。水边有廊、桥，并点缀亭榭。假山为北京土太湖石叠，而黄石所叠则在偏院，各自成峰（分峰用石块），植树以柳为主，盖临水为宜，与其邻之冯氏万柳堂相似也。

清焦秉贞设色怡园图轴（浙江省博物馆供图）

恭王府的建筑

予1961年冬客北京编《中国近代建筑史图集》，于建筑科学院建筑史研究室，曾调查什刹海附近恭王府，其间景物，至今犹历历在目。

谈到恭王府的建筑，在北京现存诸王府中，布置最精，且有大花园，从建筑的规模来谈，一向有传说它是大观园。恭王府的布局，与一般王府没有什么大不同，不过内部装修特别工细豪华，为北京旧建筑中所罕见。如锡晋斋（有疑为贾母所居之处）便可与故宫相颉颃了。花园中的福厅平面如蝙蝠，故称福厅，居此厅中自朝至暮皆有日照，可称别具一格的园林厅事。而大戏厅则为可贵的戏剧史上实例。恭王府的建筑可分为前后两部，前为王府部分，大厅已毁，二厅即正房所在，其西有一组建筑群，最后的一进，便是悬“天香庭院”的垂花门，与锡晋斋并为王府的精华所在，院宇宏大，廊庑周接，斋为大厅事，其内用装修分隔，洞房曲户，回环四合，确是一副大排场。后为约160米的长楼及库房，其置楼梯处，堆以木假山，则又是仅见之例。花园的正中，是最饶山水之趣的地方，其东有一院，以短垣作围，翠竹丛生，而廊空室静，帘隐几净，多雅淡之趣。院北为戏厅。最后亘于北墙下，以山作屏者即福厅。西部有榆关、翠云岭、湖心亭诸胜。府墙外东部尚有一王府，亦宏大，醇王府所在。这些华堂丽屋，古树池石，都给我们调查者勾起了红楼旧梦。

有人认为恭王府是大观园的蓝本，在无确实考证前没法下结论，目前大家的意见还倾向说大观园是一个南北名园的综合，除恭王府外，曹氏描绘景色时，对于苏州、扬州、南京等处的园林，有所借镜与搀入的地方，成为“艺术的概括”。我们知道吴人争传曹雪芹生于苏州（带城桥苏州织造署中），对苏

1

2

1 北京恭王府花园中，垂柳下的八角亭

2 恭王府中，水塘局部及岸边长廊诗画舫

州的一些园林自幼即耳濡目染。扬州是雪芹祖父曹寅官两淮盐运使的地方，今日大门尚存，从结构来看，还是乾隆时旧物。南京呢？曹氏世代为江宁织造，有人考证说大观园即随园，亦有其据。另外旧江宁织造署内尚悬“红楼一角”的匾额，或者也与《红楼梦》有些关系。

北京本多私家园林，以曹氏之显宦，雪芹是不会见不到的，当时大学士明珠（纳兰性德之父）府第，也在什刹海附近，亦是名园之一，曹家与纳兰家的往还，是应该没有问题的。叶恭绰先生跋《张纯修（见阳）、楝亭（曹寅）夜话图咏》（纳兰性德殁后，曹寅与施世纶及张纯修话性德旧事）：“红楼一书，世颇传为记纳兰家事，又有谓曹氏自述者，此诗顿令两家发生联系，亦言红学者所宜知也。”［从周案：图中楝亭自题诗云：“家家争唱饮水词，纳兰心事几人知；布袍廓落任安在，说向名场此一时。”及“而今触绪伤怀抱”（与集载句有出入）之句］。又纳兰性德随驾南巡寓曹家衙，雪芹为《红楼梦》虽自叙家世，亦必借材于纳兰，如纳兰为侍卫，宝玉房中有弓矢。纳兰词中宝钗、红楼、怡红诸字屡见。又有和湘真词，似即红楼之潇湘妃子。那么雪芹在描写大观园景物时，对当时明珠府第安有不见之理，而不笔之于文的呢？

俞星垣同奎云：“花园在恭王府后身，府系清乾隆时和珅之子丰绅殷德娶和孝因伦公主赐第。公元1799年（清嘉庆四年）和珅籍没，另给庆禧亲王为府第，约公元1851年（清咸丰间）改给恭亲王，并在府后添建花园。园中亭台楼阁，回廊曲榭，占地很广，布置也很有丘壑，私人园囿，尚不多见。”俞先生自北京京师大学留英习化学，执教北大颇久，熟悉北京掌故，解放后继马叔平

3

3 恭王府观鱼台

4 恭王府观鱼台背面和东部长廊

4

衡掌北京市文物管理委员会。著《伟大祖国的首都》，考证甚确，今下世已多年。其言当有所根据。友人单士元曾写《恭王府考》，载《辅仁大学学报》，可资参考。

西泠印社内的营建布置

杭州西湖孤山西泠印社，为湖上古典园林今存之著者。其建造历史，阮性山、韩登安二君述之尚详，录于后：

印社于数峰阁（今废，原在孤山柏堂之后，祀明崇祯死事倪元璐等）和仰贤亭（1905年春建，在数峰阁西）之外，于1912年开始扩建，计有石交亭在柏堂之西，山川雨露图书室在仰贤亭之西，斯文寏在山川雨露图书室之旁，心心室在石交亭北（今已废），宝印山房在仰贤亭北。福连精舍，即印社藏书处，在宝印山房之左，置书五橱，分标“东壁图书府”五字（今皆废）。鸿雪径石级数十，在宝印山房后。折而上至凉堂，再北折至四照阁，上覆藤棚。四照阁，宋初都官关氏建，后废，明天顺间郡守胡浚建仰贤亭于其址，成化间布政使宁良仍以四照阁颜之，后又废。1914年印社重建，1924年又移建今址。下为凉堂，宋绍兴时建，植梅数百株，号西湖极奇处，遗址久湮，1924年吴兴张钧衡捐建，仍用旧名。印泉，在宝印山房前，山川雨露图书室后，旧为印社之界墙，1911年久雨墙圮，掘地得泉，1913年浚之，固以印名。日本长尾甲书“印泉”二字勒于崖石，王毓岱有文记之。印藏，1918年同社李息霜祝发为僧（弘一法师），移所用印章凿鸿雪径龛庋藏之。剔藓亭，在四照阁西，1915年建。文泉，池在山巅，有俞曲园旧题。闲泉，1921年张钧衡来游，见林木荫翳，春夏苦湿，因出资凿之得泉，导与文泉合；考咸淳《临安志》，玛瑙坡有闲泉，因而名之。规印崖，在闲泉旁峭壁上，高时显题铭。题襟馆与隐闲楼，1914年上海题襟馆书画会会友哈少孚、胡二梅、王一亭、毛子坚、

1

1 西泠印社（视觉中国供图）

吴昌硕、吴石潜等募集书画，劳资兴建。鹤庐，在题襟馆之后，1923年丁仁捐资兴建，其下即为通里西湖的大门。小龙泓洞，在隐闲楼下，1922年凿通岩洞，纪印人雅，故名曰“小龙泓洞”，吴昌硕题记。缶龛、缶亭，1921年就闲泉上峭壁中凿龛，庋日本朝启文夫铸赠昌硕铜像。华严经塔，1924年迁四照阁于凉堂之上，僧人弘伞因就四照阁遗址募资建华严经塔，凡十一级，上八级四周雕佛像，九、十两级砌金农书《金刚经》，下一级砌《华严经》，石座边缘刻十八应真像，下刻捐资姓名。锦带桥，丁仁得白堤锦带桥旧石栏，移架于闲泉、文泉之间，故名。观乐楼，1920年吴善庆捐资兴建，为印社主屋，有楼三栋，吴昌硕来杭，常住宿于此，今为吴昌硕纪念室。贞石亭，初在文泉的西面，1922年改建三老石室，乃移于观乐楼之东（今废）。三老石室，1922年东汉三老忌日碑石，由余姚转途到上海，将流海外，浙人捐资赎回，建石室永藏印社，吴昌硕撰文记其事。岁青岩，1918年吴隐、吴善庆为其先世岁青公表德，遂以名岩，并撰文记之，吴昌硕篆书勒于崖石上。遁庵，1915年吴隐得地构屋，名曰“遁庵”，崇祀其先德泰伯、仲雍、季札者，吴善庆撰崇祝泰伯记勒于石。味印亭，在遁庵前（今废）。潜泉，在遁庵后峭壁下，1915年吴隐雇工凿石得泉，名之曰潜，为文记之勒于岩壁，泉水清冽，内生淡水母，为世界稀有的生物。还朴精庐，1919年吴善庆捐资兴建，在遁庵之西，吴昌硕篆额，左曰“金篆斋”，右曰“纂籀簃”，今已通而为一矣。鉴亭，在还朴精庐西，1919年吴善庆捐建。小盘谷，在遁庵之东，清光绪间湘阴李瀫堂构室居诗僧笠云，名曰小盘谷，后屋圮；1911年其孙李庸奉父命以

2

2 西泠印社风光（视觉中国供图）

地归印社，辟为一区；1922年李庸又为文勒石记之。是处上通遁庵，下连印泉，竹树茂密，境地称幽邃。阿弥陀经石幢，在岁青岩左，1922年，吴熊合资兴造。邓石如像，在小龙泓前，1924年丁仁捐造。丁敬身石像，在汉三老石室前，1921年丁仁捐造。西泠印社全部面积仅五亩有余，而营建布置，曲折幽邃，为湖上最胜处。

西泠印社以五亩余之地，其布置在湖上园林中，实为上选，其与苏州、扬州诸园有别，妙处在有层次，曲径山坡转折有度，盖以真山而以假山章法出之，因地制宜，最用力处在山麓，所谓叠山难在起脚。至于以泉衬石、水随岩转，不意如此低小之孤山，竟有此许多甘泉，而经营者复能利用之，方见其学养之功也。印社先辈，皆精书画文章，宜其有此佳构为湖上生色也。而治印一道首在章法布白，造园其理一也。

浙江古建筑调查记略

载《文物》1963年第7期

1960年2月我应浙江省文物管理委员会之邀，作了第二次古建筑调查。同行的有该会朱家济委员及路秉杰等同志协同测绘，使我们很顺利地完成了调查工作。我们这次出发，经海宁、海盐、杭州、金华、东阳、义乌及临安等县市。除1954年作全省初步勘查时所见，已经报道外[1]，再就这次所见古建筑择其有价值的介绍于下，并提出个人初步的一些看法，尚希读者予以指正。

经幢 浙江经幢从目前调查所知，杭州龙兴寺唐开成二年（837）幢为最早。以形制而论，以余姚慈城普济寺唐开成四年（839）幢身为最大，书法亦精，奚虚已所书。就高度言，当推杭州梵天寺宋乾德三年（965）幢与临安海会寺吴越宝大元年（924）幢最高；梵天寺幢高15.67米，海会寺幢高12.10米。按梵天寺为吴越巨刹，后梁贞明二年（916）冬钱镠曾建浮屠于此，以藏释迦舍利塔，凡九层八面，高370尺。至宋乾德二年（964）夏又重建城南宝塔，铸武肃王、文穆王、忠懿王铜容供于寺（见《吴越备史》）。盖后周显德五年（958）四月，城南失火，火延于内城，贞明二年所建之塔，可能毁于这场火中。宋端拱二年（989）在汴梁开宝寺西北隅造浮屠十一级，迎取杭州释迦舍利塔，上下360尺，前后逾8年。此二塔前者浙匠喻皓只是参加工作，而后者则出喻皓之手，皆为木制（见《通鉴长篇》及况周颐《眉卢丛话》等书）。而今日硕果仅存的山西应县木塔（高66米，约合宋代浙尺240尺。建于辽清宁二年，1056），殆必受开宝寺塔的影响，它们的形制与发展关系，自有脉络可寻

1 浙江文管会油印本，1954年8月；黄涌泉同志《浙江省的纪念性建筑调查概况》，本刊1956年4期。

1 杭州梵天寺大石幢　2 杭州闸口白塔

1

2

（按辽清宁间即宋仁宗时，欧阳修《归田路》所指喻皓为国朝以来木工一人而已，则浙派建筑风行可知了）。梵天寺塔既高370尺，其寺前经幢必与塔层相称，因此该幢相当高的尺度，是有其理由的。幢中体形之美，当推海宁盐官安国寺唐咸通六年（865）经幢。然点缀风景，则以杭州虎跑定慧寺后晋重立之幢取胜了。

浙江经幢有其特点，过去关于经幢的论著中皆未涉及，次归纳为以下数点：

（一）在全国范围内现存经幢数目之多，浙江为各省之冠（见附浙江现存经幢表）。

（二）华盖或托座上多浮雕云纹，从下望之朵朵云片，宛转流走，制作精细。有些甚至边缘线脚亦作曲折云形，湖州天宁寺唐会昌三年（843）幢、盐官安国寺唐会昌二年（842）与四年（844）二幢、临安海会寺吴越宝大元年（924）双幢、杭州梵天寺宋乾德三年（965）双幢等，皆可见到这种做法。

（三）幢大都用腰檐以斗拱承托，从盐官安国寺唐咸通六年（865）幢始，下及杭州下天竺法镜寺后唐清泰二年（935）经幢，梵天寺宋乾德三年（965）双幢，灵隐寺宋开宝二年（969）双幢等，其檐下皆用华拱出跳。这种石构仿木构的做法，从安国寺唐咸通幢始，已下开杭州五代时建的闸口白塔与灵隐双塔以及其后经幢腰檐做法的先河，直到清康熙五十二年（1713）杭州香积寺双塔犹存此风，它们都是一脉相承的。至于安国寺唐咸通经幢之用斗拱承托腰檐（仅用腰檐，湖州天宁寺唐会昌三年幢开始），以今日调查所知，当以

3 杭州梵天寺经幢（浙江省博物馆供图）

3

4

5

6

4 灵隐寺 大殿前 八角九层石塔

5 灵隐寺 大殿前 八角九层石塔 细部

6 灵隐寺 门外左方 石幢 细部

7

8

7 灵隐寺

8 灵隐寺经幢（浙江省博物馆供图）

9 灵隐寺 门外左方 石幢

10 灵隐寺 门外右方 石幢

9

10

此幢为最早实例，略后为河南郑州开元寺后唐天成五年（930）幢。其补间铺作，复应用鸳鸯交手拱，这种做法在已知唐代建筑中有确切纪年的，以此为最早（四川崖墓上亦有石刻鸳鸯交手拱做法，时间与此相仿佛，唯无明确纪年，辜其一先生见告），是一件重要的建筑史实物资料。据此，辽宋木构建筑及《营造法式》所示的，可以上溯其源流了。

（四）杭州梵天寺双幢，其腰檐尚余角兽一枚。以今日所知五代及宋角兽遗物，仅南京栖霞山五代舍利塔尚有残存；此则为今日新发现，而腰檐上瓦当滴水等做法皆符合所见宋代木结构建筑者，不失为恢复宋构建筑时的宝贵参考资料。

塔 临安功臣塔，后梁贞明元年（915）钱镠所建（据《吴越备史》及海会寺经幢题记），在其故乡临安城外的功臣山，正面对城内钱镠之墓，平面为四方形，高五层，无塔心柱。按浙江五代砖塔，今日所知除此塔外皆为多边形，至北宋后方塔之制若隐若现，即以浙江而论，其中如诸暨北宋元祐七年（1092）塔、嘉兴宋壕股塔等都是方形，直至明清尚存其遗制。此塔平面砖身轮廓基本保持唐代外形，檐部略用叠涩砖，但每边用椽柱划分为三间，上施阑额及补间铺作，平座下亦用斗拱，尚有木构腰檐，这些斗拱都用华拱出跳。内部为方室，每层亦施斗拱。其四出通道上用叠涩砖砌成藻井，都与其后的五代两宋塔相似。塔身纯石灰浆灌砌，经化验不掺杂物，洁白坚硬，强度甚大，是现存砖塔用石灰浆灌砌的早例。此塔为现存吴越塔最早的一座，亦是砖塔仿木式样较早的实例。

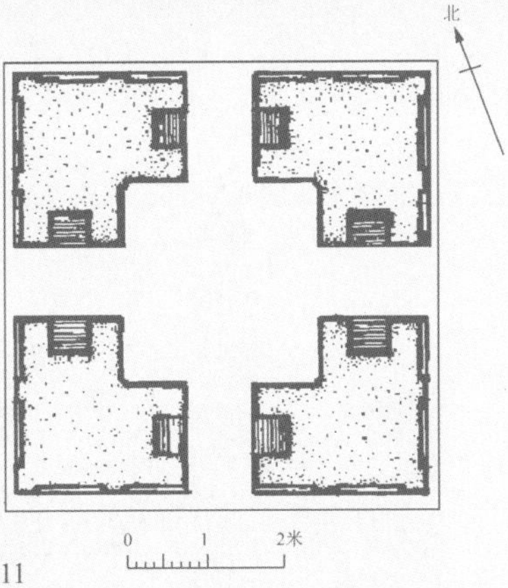

11

12

11 临安功臣塔平面图

12 临安功臣塔（浙江省博物馆供图）

13

14

13 绍兴大善寺塔（一）

14 绍兴大善寺塔（二）（浙江省博物馆供图）

普庆寺塔，在临安径山之阳。石制，平面六边形，七层，外观略具卷杀，轮廓秀挺。其底部基座甚高，作须弥座形式。塔各面刻佛龛，腰檐之瓦饰均仿木结构做法。顶亦刻出相轮七重。塔上有题字“大元至治三年（1323）四明吴福元刻”，从塔的形制细部及石刻手法来看，不失为浙江元代石构艺术中的好作品。

绍兴钱清环秀塔，六面七层，砖塔木檐，无塔心柱，建于宋代。

海盐天宁寺塔，建于元后至元三年（1337），系平面八边形的砖塔，高七级，梯置于砖壁内，内部第二层木制斗拱有隐出上昂，虽然是清代重修，还保存了明以前老做法。塔前千佛阁的须弥座石刻甚精，有龙兽、椀花等，据石刻题记系明崇祯元年（1628）所刻。正殿前鼎座石高0.80米，宽1.40米，所刻石兽生动遒劲，似系元代遗物。

绍兴大善寺塔，在城内，六面七层，塔高38.5米（刹已毁），系砖塔木檐，每面用“槏柱”划分三间，中列壶门，三虚三实，逐层轮转，斗拱平座四铺作，腰檐五铺作。志书谓建于宋真宗景德元年（1004），实是理宗绍定元年（1288）重建，有定烧“绍定戊子”砖及“荣王夫人造”等砖可证。

海宁盐官占鳌塔，在海塘边，为观浙江潮的风景点，系平面六边形砖塔，建于明万历四十年（1612）。清乾隆四十一年（1776）及道光十九年（1839）重修。浙江多边形砖塔，以我过去调查所知，浙西皆为八角形，浙东都属六角形，此塔平面作六边形，在浙西尚是少见。

黄岩城内庆善寺塔，为六面五层木檐砖塔，高约24.5米，宋绍兴二十一年

15 海宁盐官唐代安国寺经幢（一）
16 海宁盐官唐代安国寺经幢（二）
17 海宁盐官唐代安国寺经幢（三）（浙江省博物馆供图）

15

16

17

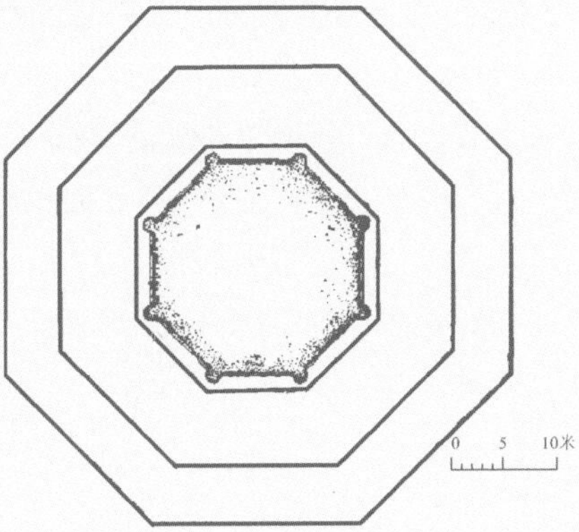

18

19

18 杭州闸口白塔平面实测图

19 杭州闸口白塔（浙江省博物馆供图）

(1151)建。

闸口白塔，在杭州闸口白塔岭。《梦粱录》及《湖山便览》皆有记载，城南白塔旧说有三处，而界说不清，聚讼纷纭，更不详建造年代。这塔从形制来看，为五代末期的作品可能性最大，与灵隐寺北宋建隆元年(960)双石塔形制相仿。其四周遍刻经文，唯字剥蚀难辨，如能细检，或可发现纪年线索。这塔是石塔仿木塔形制的最忠实和具体的一例。塔全部为石结构，平面八边形，九层，上冠铁刹，轮廓挺秀，与保俶塔一样具有轻快的外貌，表示了同一时期作品的特征。栌斗宽4.5厘米，柱高5.5厘米，材高4.3厘米，契高0.9厘米。第一层面宽84厘米，柱高59厘米，出檐41厘米，斗拱总高18厘米，出檐约为柱的四分之三。倚柱为棱形，比例匀称，是这个时期及这地区的特有风格。平阇瓦当滴水皆与木结构相同。从以上的一些特征可以证明，这塔应建于五代，但应迟于临安功臣塔；从反映木结构的各部分形式来看，它与河北蓟县独乐寺辽统和二年(984)所建造的观音阁最相近，则似应在五代后期了。

庙 海宁盐官神庙始建于清雍正八年春三月(1730)，至九年冬十一月告成，平面布局已详《海宁州志》兹不重述。今日仅存正路一部分，计有东西辕门牌坊、石狮、旗杆石、庆成桥、正门、两庑、御碑亭，其他戏台、钟鼓楼与寝殿皆不存。此庙系当时敕建，主要建筑大木皆为官式，其可注意的地方：(一)栏杆石狮牌坊及部分柱础石柱等皆为汉白玉制成的“官式”做法，似系北方预制后运到南方装配成的，部分则又为就地制作，在手法上受北方影响很大。(二)大木结构做法皆为“官式”，柱础不施古镜而用石鼓，屋角起翘则用南方“嫩戗发戗”。（三）雍正十年御碑亭，重檐八角攒尖顶，外观匀整，用北方建筑的权衡，掺入了南方的细部与屋角起翘做法。斗拱用溜金科，然其秤杆尚具下昂作用。（四）东西辕门牌坊用汉白玉雕刻，四柱三楼垂花门式，是一件南方不可多得的佳构。（五）庆成桥前原戏台，这种庙前的广场上设戏台，比建在庙内的办法好，在当时作为群众性的娱乐场所，在处理上不失为一种好办法。

沿海镇海塘铁牛，雍正八年（1730）、乾隆五年（1740）及四十九年（1784）三次铸造，计十五座，今已残缺不全。杭州与海宁交界处的七堡亦存一个。

天台山国清寺，位于天台县天台山麓，面临清溪，背负苍山，风景至美，为中国四大名刹之一。隋代创建，现在主要建筑则为清雍正十二年（1784）所建。寺前有六边九层砖塔。塔每边计宽5.7米，中无塔心柱，从前后通道至内部六边形小室，砖璧甚厚。除通道外，各面皆设佛龛，斗拱平座用四铺作，腰檐五铺作。腰檐已毁，唯整个形制非常秀挺，具有南宋塔的外观特征。据《天台山志》，塔建于隋开皇间，然依塔的形制而论，当为南宋高宗建炎二年（1128）所重建。寺前有圆形七塔其形式为底部用二重须弥座，上置圆形塔身，冠以屋檐及相轮、宝顶，似为明以前物。寺前为溪，所谓“双涧回澜”（大涧自东北向西南流，小涧自正西向东南流），上复以石梁名丰干，最前为山门，五间单层歇山造，其后为雨花殿（即天王殿）五间亦单檐歇山造，殿前左右配以钟鼓楼，楼二层歇山造，最后大雄宝殿七间，重檐歇山造，上层斗拱用五

20 天台山国清寺塔（一）

21 天台山国清寺塔（二）

20

21

22

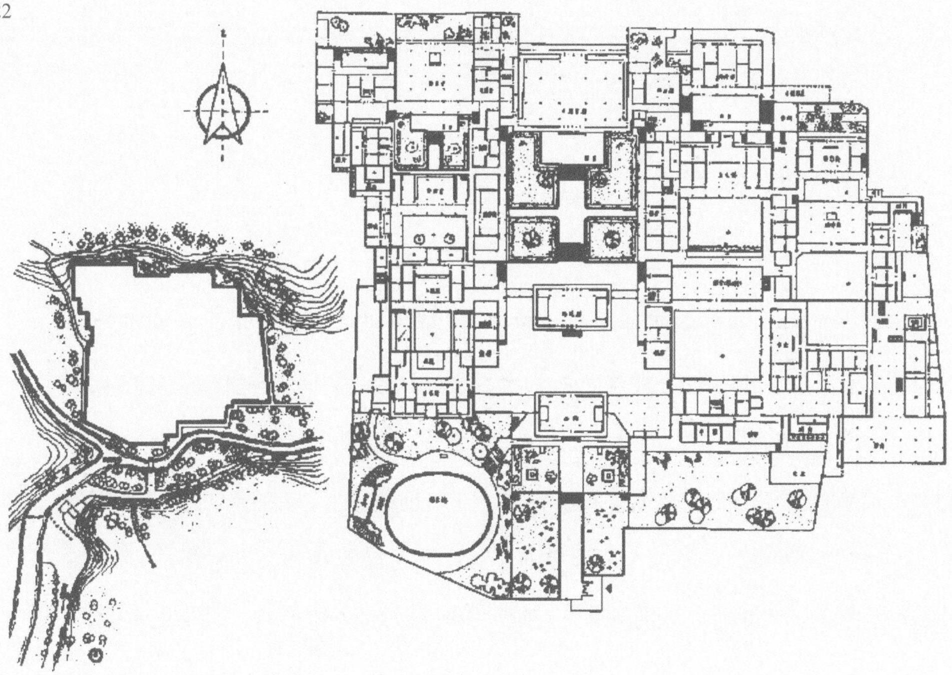

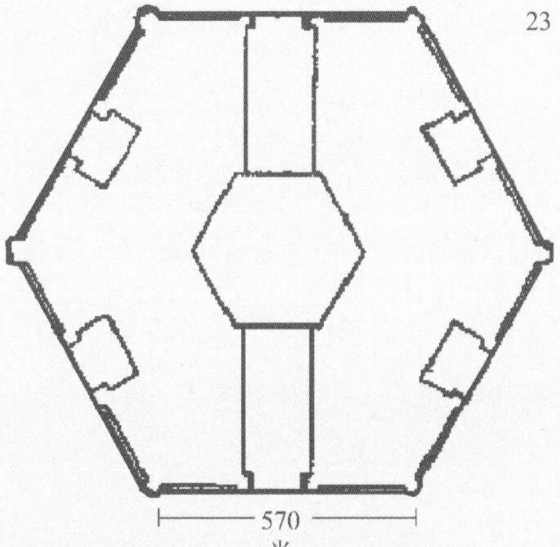

23

22 天台山国清寺 左总体图，右平面图

23 天台山国清寺塔平面图

踩，下层斗拱用三踩，明间平身科用四攒。中轴线诸建筑皆为清代官式做法，仅柱础用南方石鼓，因防潮湿之故。大殿左右配以药师楼与客堂。东路有客堂、大锅楼、斋堂、方丈、戒堂、伽蓝殿、迎塔楼、厨房等，皆用当地建筑，其特点为楼屋环联，自成院落（迎塔楼、方丈已翻造）。西路有三圣殿、藏经阁、影堂、三贤殿、妙法堂、罗汉堂等，也皆采用当地手法。藏经阁在清代寺院一般皆建于大殿后，此寺则建于西路，因受殿后地形所限。这寺正路建筑雄伟全系“官式”，而东路则院落多变化，它与西路建筑之精细工整，都是代表了这一地区建筑的地方风格。寺内西南隅有大放生池，池西建有清心亭。

园林 绮园在海盐城内，同治十年（1871）冯缵斋就明代废园修建，在其住宅之东北，宅名三乐堂。园自西侧门入口，中建花厅，四面轩敞，前架九曲桥，隔池筑假山，水绕厅东流向北，穿洞至后部大池。其立体的交通线，即山洞、岸道、飞梁，以及低于地面的隧道等组成。厅后以小山作屏，山后大池亘以东西向与南北向二堤，后者贯以虹桥，桥东筑扇面亭，园之东北隅，障以大山，达山巅有亭翼然，登亭全园可望，下瞰近处深谷，谷下蓄水潭，复小桥，涓涓清流，是该园一大妙笔处。池西北有水阁，横卧波面，与对岸虹桥相呼应。这园在浙中现存私家园林中规模最大，保存亦最好，是不可多得的佳构。它的特点：（一）以树木山池为主，略略点缀建筑，与今日以风景为主的造园手法相近。（二）园面积大，自成一区，不附属于住宅内。（三）用大面积水，以聚为主，散为辅。形成水随山转，山因水活的布局。（四）东北大假山前后皆有丘壑，不像苏州园林因面积小而略其背面的做法。（五）园林花木以常绿为主，用紫竹补白。所用香樟树成长快，枝干屈曲，体形亦不呆板，终年不落，因季节而色彩略有变化，它在园林中代表浙中的特色（从浙江往南，此树普遍皆存）。（六）假山用黄石叠成，出附近甪里堰诸山，立峰及少数湖石则购自苏州废园。“美人照镜”一峰，尤硕秀。叠山在石纹石理方面，尚能符合自然规律，不失为中上之选。山与山间用飞梁洞曲连贯，脉络自存，虽原有的几处游廊已不存，仍具婉转绵连之感。交通运用立体交叉的办法，亦浙中园林特色，而此园应用得更复杂。（七）池中虹桥在体形上似觉略大，在私家园林中终不宜应用，但较苏州狮子林已远胜多了。此园运用中国造园的传统手法，但亦不以大量建筑物作为主体，充分发挥山林树木互相间变化的效果，在今日设计民族风格的园林，是可以作为借鉴的。

杭州元宝街胡雪岩宅，清代末年的一所大住宅，建于光绪元年（1875），今仅存二厅及楼，装修皆用红木花梨等珍贵材料，门饰为铜制。其厅西有一小园，因限于面积，假山在南墙下倚墙而叠，仿灵隐飞来峰，或云此南宋德寿宫遗物。无论其为旧物，抑清末重叠，其叠山技术，是浙中匠师的大手笔，山间洞壑曲折高敞，垂垂钟乳，杳杳小径，婉转深邃，为今日私家园林中所未见，虽不能说旧构，亦保留着部分南宋人的旧手法，其匠师或出金华（如李渔为金华附近兰溪人），其蓝本非杭州飞来峰，即参考了金华北山。与苏州的叠山用邓尉、灵岩、张公善卷等为蓝本有所不同。其气魄直达仅次于北京北海，非苏州以轻巧取胜者可比。这两处山洞玲珑秀润与雄厚浑成，是两种典型的南北实例，是我国叠山艺术中的珍贵遗产。

杭州假山以遒劲深厚见长。其最佳者当推西湖文澜阁前叠于清乾隆年间的假山，它与北京北海静心斋，故宫乾隆花园同为南北“官式”假山现存的典型作品。

杭州横河桥庾园内有“玉玲珑”一石，传为宋花石纲遗物。奎垣巷固园、学官巷补松书屋，小具水石之胜。金衙庄皋园，原为杭州明代园林之仅存者，黄石假山与合抱樟树，今组织在街心花园中。海宁徐园，清徐用仪建在其宅旁，宅园俱早毁。张氏涉园亦早废（张元济先人建）。尚有朱姓小园半废，而西楼一角处理得很好。盐官张家花园（张守衡建），清末建，亦半废。另与安澜园废址比连的有啸园及吴姓（吴芷香建）小园。啸园今仅存荷池残石。吴姓小园建于民国，现存遗址。

住宅 东阳卢宅在东阳县南门外，出南门即见牌坊夹道，直抵其宅，这些牌坊从明代初年直到清末为止，达十余座之多，虽然有些已重建，但仍保持一些原来形式，如明初永乐辛丑（1421）卢睿的“都宪”木坊，系木构瓦檐，状如宅边辕门（都宪坊仿原样重修）。万历七年（1579）建的“南国文章”一坊与“都宪”坊形制相同，都是明代早期的形式。天顺间卢楷的“解元”坊，系两柱一间石坊，在浙江单间石坊中年份以此为最早。弘治十五年“风纪世家”一坊，系三间四柱石坊，在浙江目前调查所知弘治牌坊也仅此一处。弘治后渐易为石坊，类皆四柱三间。其变迁始而单间二柱瓦檐木坊，继而单间二柱石坊，再发展为三间四柱石坊。这些牌坊以嘉靖、万历时所建为最多，其次是正德、天启等，最早当推永乐天顺间与弘治间的。石雕不论牌坊石狮都精细完整。按卢姓从明代永乐十九年（1421）卢睿成进士起迄清代中叶，科第未断，聚族而居者达六百年，这地方成为今日我们研究封建家族制所产生居住点的一个绝好资料。此处全为卢姓，三面环水南临街，街中心有大影壁有砖雕及砖斗拱。我所见明代江浙住宅影壁当推此与苏州申时行住宅。其前大石牌坊四座，正中为正宅，清初的砖刻门楼甚精。今正宅已改过，其西为宗祠，平面布局为院落式，经大门入内为照厅，大厅（名肃雍堂），翼以两庑，大厅采用工字形平面，施斗拱彩绘，建于明景泰七年（1456）至天顺六年（1462）。（明卢格《荷亭文集》卷三肃雍堂记）其后五进与左右各路皆为居住之处，以今日所知浙江宗祠，当以此为最大。祠东西多厅屋，皆该姓分宅而居之处，若干宅前亦分别置有牌坊，此祠除规模之大，反映了当时封建家族制的情况外，在建筑上如工字形平面的正堂，梁架上的细钩（铁线钩）彩画，精美的木雕与砖刻，石库门上应用拉门，亦是罕见的。这样的典型封建镇，在研究社会、文化、建筑及艺术诸方面，都是有价值的实物资料。

东阳大多住宅，东正街138号明代住宅，125号清代早期住宅，皆规模大，进数多，雕刻装修精美，皆反映当时上层社会建筑的实例。金华景苏街2号明代小型住宅，厅堂三间，极低小古朴，与东阳大住宅相比，规模差别甚大，都是在明代封建社会等级制度下的产物。

柱础 海宁盐官安国寺，唐开元元年（713）建，旧名镇国海昌院，会昌五年（845）废，大中四年（850）复建。宋大中祥符元年（1008）改今名。现在除唐经幢三座外，尚有大殿为明弘治间旧构，经清同治光绪间重修的，但是可注

24 东阳卢宅鸟瞰（一）

25 东阳卢宅鸟瞰（二）（浙江省博物馆供图）

24

25

26

27

28

26 东阳卢宅之仪门 27 东阳卢宅东吟堂牛腿

28 东阳卢宅树德前厅牛腿（浙江省博物馆供图）

意的是殿内的黑大理石莲瓣柱础，直径达1.24米，浑朴如玉，经年久远，已闪闪发亮，疑为开元间旧物。安国寺旧有罗汉堂今已不存。

浙江省文物管理委员会藏宋代覆盆莲柱础，雕刻秀丽，出杭城牛羊司巷，或云为宋德寿宫遗物。湖州天宁寺有南宋柱础二个，直径在一米半左右，雕盘龙，极生动，与江苏常熟至道观与中岳庙雕龙柱础同为江南宋柱础的上品。而崇德旧县署的宋绍兴间素覆盆柱础，其底边计长1.34米，殊硕大。

临安钱镠墓石柱现存一对，制作很质朴，与一般常见的亦有所不同。

1960年5月写成

龙兴寺经幢	杭州	唐	开成二年（837）
普济寺经幢	余姚慈城	唐	开成四年（839）
戒珠寺经幢	绍兴	唐	会昌元年（841）
安国寺经幢	海宁盐官	唐	会昌二年（842）
天宁寺经幢	湖州	唐	会昌三年（843）
安国寺经幢	海宁盐官	唐	会昌四年（844）
天宁寺经幢	湖州	唐	大中元年（847）
天宁寺经幢	湖州	唐	大中二年（848）
祇园寺经幢	湖州	唐	大中五年（851）
中山公园经幢	宁波	唐	大中八年（854）
祇园寺经幢	湖州	唐	大中十一年（857）
法隆寺经幢	金华	唐	大中十一年（857）
安隐寺经幢	临平	唐	大中十四年（860） （即咸通元年）
觉苑寺双幢	肖山	唐	咸通二年（861）
安国寺经幢	海宁盐官	唐	咸通六年（865）
永宁寺经幢	德清	唐	咸通十年（869）
惠力寺双幢	海宁硖石	唐	咸通十五年（874） （即乾符元年）
浙江博物馆经幢	杭州	唐	中和四年（884） （从湖州移来）
天宁寺四残幢	湖州	唐	幢身一整三残
海会寺双幢	临安	吴越	宝大元年（924） （东幢已倒）
下天竺法镜寺双幢	杭州	后唐	清泰二年（935）
虎跑定慧寺经幢	杭州	后晋	天福八年重立（943） （部分为唐咸通十二年旧物）
虎跑定慧寺经幢	杭州	后汉	乾祐二年（949）
护国寺经幢	永嘉	五代	年份不详
梵天寺双幢	杭州	宋	乾德三年（965）
灵隐寺双幢	杭州	宋	宋开宝二年（969）
万佛塔下出土经幢	金华	宋	嘉祐七年（1062）
雪宝寺经幢	奉化	元	至正二十一年（1361）
城隍庙附近经幢	宁波	明	正德五年（1510）

徽州明代建筑

1952年冬，刘士能师敦桢来沪，同至华东文化部访徐森老（森玉名鸿宝）。渠旋去皖歙，返宁告予歙古建情况，其情宛如目前，匆匆三十年矣！1971年留歙县干校一年，暇时阅张仲一等写徽州明代住宅一文。此士师指导张等所为也。以予留皖时较久，略抒鄙见，聊补其缺，亦举愚者一得共资商讨耳。

1971年3月12日到歙，居城外问政山麓，其地背负苍山，面临练江，风景信美。居一年对该地四季之气候深为身受，其与住宅之影响，略补数端，后之览者，亦证建筑调查须作自身之体验，不能凭臆测而下论也。该地区早晚冷，午热，而清晨温度尤低，故房屋外墙窗小，盖防寒气与酷热之侵袭也。至于天井，一因山区平地少，二因石板墁地天井小则用材经济，三则天井之功能仅须达到通风泻水作用而不需过多日照。因此在炎热季节，室内得减少高热。其厅皆为敞口，尤觉阴凉，而居房用槅扇置地板，冬季保暖较好，潮雨季亦较干燥。一般楼屋地板，其做法下用杉木圆筒排铺，中置竹席防声隔尘，上安地板。甚至有杉木楼板（用杉木圆筒排铺）上铺方砖者，与扬州、苏州相同，唯扬、苏方砖置于地板上。此法见明人《长物志》书中。颇疑自徽传至扬、苏，盖扬、苏二地富商巨室什九，徽州属移居者，其最著者扬州之江、巴等，苏州之潘、程、胡、金等，其先皆徽州府属人。且徽之用此法亦与地区产木不能分也。歙县新北门内罗宅，似为清初建筑，及斗山街杨宅（清代建筑）皆有此例。而杨宅大厅虽为二层，其底层仍用五架梁，如平厅做法。檐枋，面阔三间，用整料长达三间。五架梁上施草架，上建二层，实则三层矣！故进厅仰观梁架檩椽俱备，不知其上尚有楼也。亦浪费木料，踵事增华，罕见之例。歙县多石牌坊，其最著者当推城内明万历间许国八柱石坊，为明中后叶之典型代表作，据此可作其他建筑考订年代之证例，做法雕刻工整，而石狮尤生动。此种形式在全国似近孤例。北门内毕姓万历间一石坊，四柱三间，冲天造，甚简洁。其附近小街一单间明代石坊亦存此风格。桂林中学附近及烈士墓园面对一坊，则较趋繁琐矣！石坊以三间为多，皆冲天造。柱枋斗拱皆仿木结构。以今日所见明牌坊，木制者已若凤毛，存者皆石构，此与施工技术有关，盖盘车（活轮）之发明，可吊装，遂使木易以石，使施工技术推进一步。此言石坊之变迁不能不知者。

1972 年 3 月 6 日返沪

桥塔篇

水乡的桥

提起“江南水乡”，不由使人想到，“户藏烟浦，家具画船”，一些水乡景色。每当杏花春雨，秋水落霞，更令人依恋难忘了。这明秀柔美的江南风光，是与形式丰富多变的水上桥梁分不开的。它点缀了移步换影的景色，刻画了水乡的特征，同时又解决了交通问题。我们的祖先是如何完美地从功能与艺术两方面来处理复杂的水乡交通，美化了村镇城市的面貌。

在水道纵横、平畴无际的苏南、浙北地带，桥每每五步一登，十步一跨，触目皆是。在绿满江南的乡村中，一桥如带，水光山色，片帆轻橹，相映成趣。但在城镇中，桥又是织成水乡城镇的重要组成部分之一。每当舟临其境，必有市桥相迎，人经桥下，常于有意无意之中，望见古塔钟楼，与夹岸水阁人家，次第照眼了。数篙之后，又忽开朗，渐入柳暗花明的境界。这些水乡的桥，因为处于水网地带，在建造时都运用了“因地制宜”与“就地取材”的原则，在结构与外观上往往亦随之而异。例如在涓涓的小流上，仅需渡人，便点一二块“步石”，或置略高出水面的板梁，小桥枕水，萦回村居。在一般的河流上，大多架梁式桥，或拱桥。因河流的广狭及行船的多寡，又有一间（拱）、三间（拱），乃至五间（拱）的。上海青浦的放生桥，横跨漕港，是上海地区最大的石拱桥。江南水乡河流纵横多支，为了适应这种情况，往往数桥相望，相互“借景”成趣，亦有在桥的平面上加以变化来解决这个矛盾。浙江绍兴宋宝祐四年（1256）建的八字桥，因为跨于三条河流的汇合处，根据实际需要，在平面与形式上有似“八”字。为便利行船背纤用的“挽道桥”多数是较长的，像建于明正统七年至十一年（1442—1446）的苏州宝带桥，为联拱石桥，计孔五十三，高其中三孔以通巨舟。这类长桥中著名的还有吴江的云

1

2

1 广宁桥

2 横塘亭桥

虹桥（建于元泰定三年，1326），而于绍兴尤为常见，长桥卧波若长虹、似宝带，波光桥影，为水乡的绮丽，更为增色。

桥的形式以拱桥变化最多，有弧拱、圆拱、半圆拱、尖拱、五边形拱、多边形拱等。青浦普济桥为宋咸淳元年（1265）建造，迄今已近七百年了，古朴低平，其拱券结构，不失为我国桥梁发展史中的重要物证。绍兴广宁桥为多边形拱桥，重建于明万历二年（1574），雄伟坚挺。桥心正对大善寺塔，为极好的水上“对景”。在建筑材料方面，不论梁式桥与拱桥，皆以石料为主，不过亦有少数砖木混合结构与木结构的。砖木混合结构桥，去冬在青浦发现的一座元代桥梁，名为迎祥桥，可称是比较有代表性的。它巧妙地运用了石柱木梁及砖桥面，秀劲简洁，宛如近代桥梁。此外尚有用附属建筑来丰富美丽它，苏州横塘古渡的亭桥便是平添一景。宝带桥在桥边还置小塔、石狮，桥堍又建石亭，使修直的桥身产生了轻匀的节奏。

水乡的桥是那么丰富多彩，经过了漫长岁月的考验，到现在还发挥其作用，不论在艺术造型上，或是风景的点缀上，都具有鲜明的民族风格。至于结构复又符合科学的根据，这是我国古代劳动人民智慧与力量的结晶。如今，我国桥梁工作者正从这些宝贵的遗产中，推陈出新，创造出不少既有民族传统，又适今日功能的新型桥梁。

苏州宝带桥

载《同济学报》1958年，署名陈从周、王绍贤宝带桥位于苏州市城东南十五华里，跨运河支流之上，计五十三孔，为江南著名长桥，是研究中国建筑史与桥梁史的重要证物。1956年春，苏州市当局将该桥损坏六孔加以修复，得使这件文物建筑永垂千载，实是一件值得欣慰的事。

是桥开始建于唐代，相传刺史王仲舒鬻宝带建桥而得名，今距桥远望其形宛如宝带，则名实又复相符了。据明陈循《重修宝带桥记》："运河自汉武帝时，开以通闽越贡赋，首尾亘震泽，东壖百余里，风涛冲激，不利舟楫。唐刺史王仲舒，始作巨堤障之，以为挽舟之路，实郡之要道也。然河之支流，断堤而入吴淞江以达于海，堤不可遏，桥所为也……"因为在地形上桥平行于运河的西侧，跨于它的三条支流汇水颈口之上，在水涨时，其势甚大，且挽舟者无堤及桥的建造，是无法经过的，因此初期时建堤，后易以桥。至南宋赵昀（理宗）绍定五年（1232），郡守邹应博重建，其后修葺不继，逐渐倾倒，复曾架木桥以之通行，但时发生覆溺之患。到明代朱祁镇（英宗）正统七年（1442），工部右侍郎巡抚周忱与当地知府朱胜计划，越四年工材始满，由李禧者董其役，于正统十一年（1446）十一月落成。桥长一千三百二十尺，共五十三孔，其中较大的三孔，以通大船，到清玄烨（圣祖）康熙九年（1670）巡抚马祐、布政使慕天颜、知府宁云鹏重修，其后奕詝（文宗）咸丰十年（1860）又毁，载淳（穆宗）同治十一年（1872）工程局重建。今日所见之桥，证以文献所载，虽云经后代重修，要其规模形制当存明正统间周忱所建者，尤其长桥卧波，若玉带之横陈，在烟水的江南，平添了多少美景，所以提起宝

1

2

1 苏州宝带桥

2 苏州宝带桥 石狮一对

带桥，便是一幅水乡景色，给游者以最大的留恋。

桥位置在运河三支流（土名玳玳河、年河、其桥河）汇入运河进口之上，平行于苏州通嘉兴的运河，运河之东为吴淞江，系苏沪二地水运干道。相距桥位约300公尺处，原有苏嘉铁路，今已毁。桥东约30公尺处，建有公路木排架桥一，桥长235公尺，宽3.43公尺，重建于1934年，为苏嘉公路重要桥梁，因此今汽车可以不经此桥，在保护上发生很大的作用。再西为运河支流玳玳河、年河、其桥河三水汇水处，其面积约36万平方米，此处水流经宝带桥入吴淞口以达海，玳玳河流向西北方向，航运至五龙桥再通向太湖；年河与其桥河与苏嘉公路近似平行。记载中所云："风涛冲激，不利舟楫，唐刺史王仲舒始作巨堤障之……然河之支河断堤而入……"殆指此情况而言。

桥的形式为江南习见之石拱桥，因为连续了五十三孔，故外形若带，倒影水中，真虚互见，确是很美。经我们实测所得，二端拱脚间的距离为249.80公尺，北端砌驳引道长为23.20公尺，南端引道为43.08公尺，全桥总长为316.08公尺。桥计五十三孔，案桥孔结构跨径可分为三类，（1）计6.95公尺一孔。（2）6公尺二孔。（3）4.10公尺，4公尺，3.90公尺者不等的有五十孔，其外形并非对称，通船的三孔较高大，是位于桥的北面，即民国《吴县志》所称："桥长一千三百二十尺，洞其下五十有三，而高其中之三，以通巨舰……"

桥的基础，按江南石拱桥一般做法，墩台（金刚墙）下的基础，大多数在木椿上，据我们检查所得，在墩台（金刚墙）下有石块的基础一层，长约5.50公尺，宽约1.50公尺，再下为桩，其排列方法，在墩台（金刚墙）的长度方向为十二根，宽度方向为五根。墩台（金刚墙）系整块花冈岩大条石，其尺寸约为460公分×65公分×50公分，为了保证砌在金刚墙表面上拱肋石（券石）的正确位置，在表面上凿有线槽深约6公分。（图3）其他亦有部分墩台（金刚墙）用数块大方石分二层砌叠的。

全桥拱圈（券）的形状为半圆形，其厚度大孔为20公分，小孔为16公分至18公分，各孔都带有护拱石（券伏），宽约30公分至50公分，厚12公分，在较大三孔的护拱石（券伏）上有凸出的拱眉，在外貌上增加了若干美化；（图4）其砌造的方法系曲线形拱肋石（券石）在拱圈（券）宽度方向是并排砌筑的，但在二层拱肋石之间用一截面为18公分×30公分或16公分×28公分至30公分的通长横锁石联接，其横锁石与曲线拱肋石接触面上做有榫槽相结合，但二者结合处非十分紧密，苏州其他拱桥亦类此做法。（图5）至于曲线形的拱肋石，其尺寸弧长为122公分至124公分，宽50公分至90公分，最窄的为20公分。

撞全桥筑有直砌边墙（撞券石），石之尺寸大小不等，最长者达2公尺，宽25公分至30公分，厚16公分至30公分。其砌法每层水平条石之间砌放一长约2公尺的横条石，伸进拱中填料内部，伸进部分表面成锯齿形。横条石从两面伸进边墙为上下左右成交叉式的排列，此种做法可借横条石与填料之间的摩阻力的关系，防止边墙（撞券石）向外鼓出的可能（图6）。

拱中填料为大块石、碎石、石灰浆与土等混合料组成，从南岸已坍塌的桥孔中可以看出是桥填料并不密实，致使桥面渗入填料内的水，经过空隙而

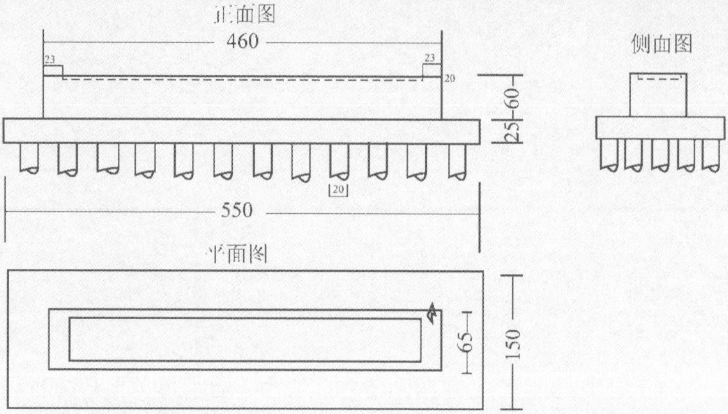

3

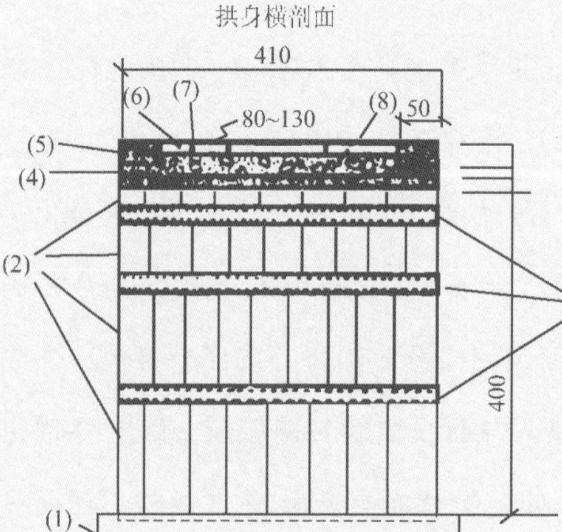

(1) 金刚墙　(2) 拱肋石　(3) 横锁石　(4) 拱眉

(5) 檐　石　(6) 桥面石　(7) 大块石　(8) 石灰土胶合料

4

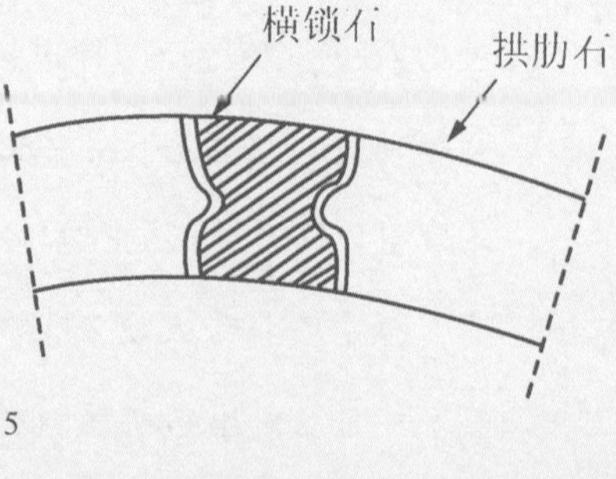

5

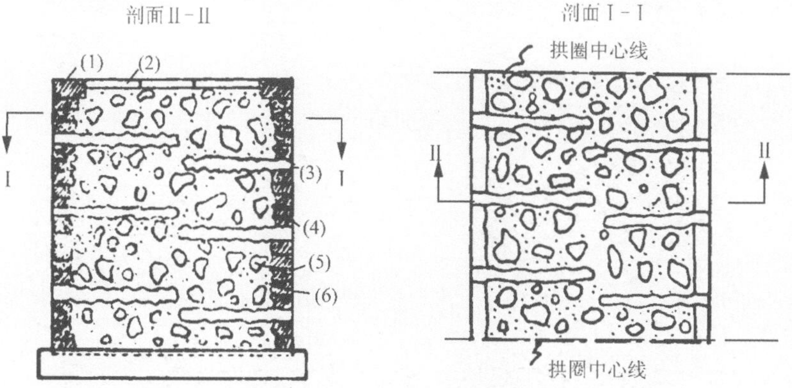

(1) 檐石　(2) 桥面石　(3) 横条石
(4) 边岩　(5) 大块石　(6) 石灰土胶合料

6

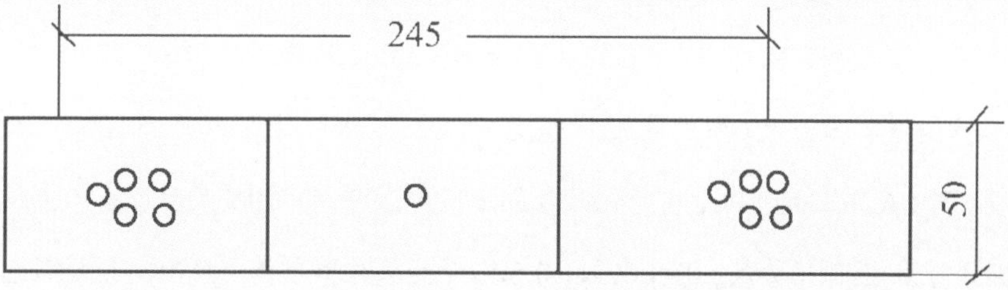

7

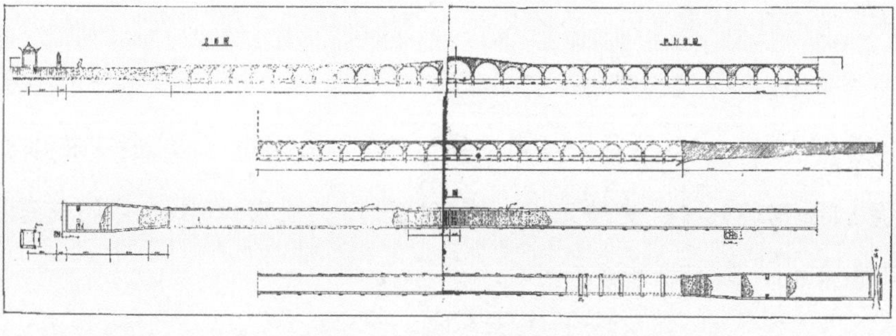

8

溶解了砌缝的灰浆，这样不但使拱圈发生变形，同时又使桥面沉陷，造成桥面凹凸不平的现象。

现在桥上无阑干，同时亦无遗留阑板望柱等残迹，但在檐石表面上我们发现类似望柱的榫眼，其每个距离又近相等，容或当时有极简单的卧棂造阑干（图7）。

檐石（仰天石）长80公分至120公分，宽40公分至50公分，厚12公分至20公分，其尺寸不等，皆长方形的块石无枭混绫及装饰雕刻。

桥面宽4.10公尺（系二檐石外边至外边的距离），北岸端所有10公尺长的一段，宽为6.10公尺，其后在15公尺长的一段内逐渐从6.10公尺减到4.10公尺。桥面系采用长1.30公尺，0.80公尺，0.50公尺，宽0.30公尺、厚0.16公尺等的条石铺砌。至于桥面沉陷，其原因似为填料不实复无防水层与排水设备所致。

引道砌筑方法与桥边墙（撞券石）部分相同，其下部基础系用大块石叠砌而成的台阶形扩大基础（图8）。

附属建筑物：桥之北端有石狮二，其西侧者尚存，东侧已倒入河中。桥南端亦置有石狮二。碑亭筑于桥之北端，石制，单檐歇山造，内置有清张中丞树声所书碑记，其地位约距边孔32公尺处。据民国《吴县志》，该亭建于清载淳（穆宗）同治十一年（1872），当时工程局所建。石塔有二：其一位于石碑亭与石狮之间，高约3公尺，完整无损；其二位于二十七孔与二十八孔之间东侧，形制与前者相同，现已折断坠于河中。

绍兴的宋桥——八字桥和宝祐桥

载《文物参考资料》1958年第7期

今年一月因禹陵与兰亭修理工作，再赴绍兴，于是作了这次调查，同行的有浙江文管会朱家济及张家骥同志，张家骥同志并帮助进行了测绘工作。

这次调查所得除八字桥系公元1256年（宋理宗宝祐四年）所建外，又发现另一石桥名宝祐桥的，系公元1253年（宋理宗宝祐元年）所建，较前者还早三年，更是一件意外的收获了。绍兴系浙东水乡，河道纵横，与苏州并为江南水城。同时附近又产石，因此石桥甚多。实为研究古代桥梁的一个重要地区。宋桥我们除在宋画李嵩的《水殿纳凉图》、张择端的《清明上河图》等上面见到外，实例至为难得，这两座桥，在中国建筑史与桥梁史上不失为重要的证物了。

八字桥位于绍兴市城区的东南，因为跨于三条河的汇合处，根据实际的需要，于是在平面与形式上有似“八”字，因此大家一向都名之为八字桥。

这桥跨于南北流的一条主河之上，在主河的两侧尚有二条小水，一从东流入一从西流入，而大道仅自西向东迄桥为止，桥东则为民房，桥南沿河两岸皆为主道，桥北东岸亦同为主道，因此在平面的处理上，就根据交通的需要安排了。于是桥的踏跺，在桥南是用两道，在桥北是用一道，在桥西也用一道，因为桥南的系对称，复向前略作斜状，并不是平行的，远远望去好像一个“八”字。另外在桥的东西二支水上，复构二小桥，西桥又为主桥的一部分。此二小桥形式也为梁式，唯皆无石柱，如今二支流已埋没，东桥也已拆除。

桥是梁式石桥，每面置石柱九擞，石柱下的结构，是用大条石二层，下层约高八十厘米，上层约高一米，其上置石柱，石柱之底置于槽内以资牢固，条

1

2

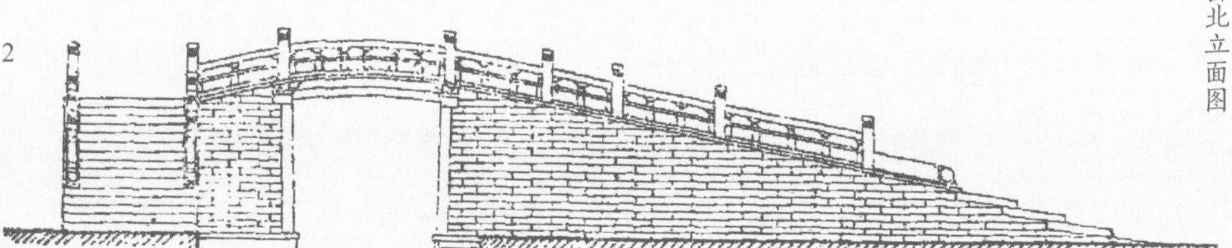

1 八字桥（视觉中国供图）

2 八字桥北立面图

石下系大块乱石，以当地一般石桥做法而论，最下当有木桩。石柱高四米左右，并不是垂直竖立，略有“侧脚”，其方向朝外，紧贴于两侧金刚墙上，以增其稳定。石柱上置大石梁一层与石柱平行，其上则为石梁，长四点八五米左右，外侧用石二层，略作月梁形。阑干系石制，望柱上多数刻有捐者姓名，望柱头雕作复莲形，寻杖下用云拱斗子，云拱的云纹是凸出刻的，阑版只一层无雕刻。这些阑干显然不是一个时代的，和附近的明代万历二年修的广宁桥阑干雕刻相较，一部分阑干刻法生硬平浅颇多似处，则明代重修所换甚多，到清代及以后亦有增补，但大体形式还能一致。

这种桥的形式，在设计时解决了比较复杂的交通问题，给我们今日的工程上很大的启示，这种做法在宋代可能很普遍，《南宋古迹考》吟竹锁成的跋上说：“如清湖一条，考中专指运河一洼，未免凿矣，不知周淙淳祐《临安志》载：清河自流福沟引湖水入城，潺潺东流，至众安桥而止。皆谓清湖。又按陈宗之（超）题武衔寓居清湖诗云：二水合流当户过，一山分影入楼来。以近日形势考之，当在今驻防营八字桥左右为是，而清湖河之名，于是乎有佐证，今运司河安得有二水合流之迹乎。”文虽出清代人之笔，然“二水合流”与“八字桥”之称，在河流与桥的形式方面，不无可以参证之处。

建造年代，在桥下西面的第五组石柱中有“时宝祐丙辰仲冬吉日建”的正书题字，高三尺二寸，宽五寸五分，字径四寸（尺寸系据乾隆《绍兴府志》）。案宝祐丙辰为宋理宗四年，即公元1256年。据清乾隆《绍兴府志》：“案桥已载嘉泰（会稽）志，而以两桥相对而斜状如八字得名，此盖记重建之书月，

3

4

3 宝祐桥局部

4 宝祐桥

非创造也。”据此则此桥系宝祐间依原来形式重建，到公元1763年（清乾隆二十八年）杨周圣重修，公元1922年5月又重修一次，皆见栏板上题记。如今踏跺上有水泥行车道二行，大约即这时所加的。

宝祐桥在绍兴市城区之东，亦系梁式石桥，计面阔三间，其结构形式为石柱上加石梁，梁上凿槽置木梁，上再加石梁，如今木梁仅存一根。主桥部分甚平，其宽度约为5.75米，长约11米，因河中需通过较大的船，所以必须超出水面略高，致其前后必各引以一段踏跺。近岸石柱上的石梁，是用二层，在大石梁上再加小石梁，而石柱也较当心间的为低。桥两侧施石阑干，当心间的时间较迟，即左右次间的亦非原构。

建造的年代，在桥的两侧当心间石柱上，均刻有正书字二行，其左："时宝祐癸丑"，其右："重阳吉日立"，每方高二尺三寸，广六寸，字径五寸（尺寸据乾隆《绍兴府志》）。案嘉泰、宝庆二志均未载此桥名，可能以前或另有一名。宝祐癸丑是公元1253年（宋理宗宝祐元年）。绍兴南宋遗构著名的尚有附近的大善寺塔，这塔过去未能肯定是哪年建造，但我在勘查时发现了刊有"绍定戊子重修碑""荣王夫人造"的砖，则此塔建于公元1228年（宋理宗绍定元年），与上述二桥为同时间的建筑了。宝祐桥在清道光十六年（1836）十二月吉日有望百老人陈□□者重建一次的题记，当然是指桥面与阑干等部分了。

八字桥之北尚有桥名广宁桥，为多边形拱桥，雄伟坚挺，桥心正对大善寺桥，为绝好的"对景"。据桥上石刻题记，桥系重修于公元1574年（明万历二年），距今也将近四百年了。

我国古塔的高度

近人姚承祖《营造法原》:“测塔高低,可量外塔盘外阶沿之周围总数,即塔总高数(自葫芦尖至地平)。测塔顶层上檐至葫芦尖高度,可量塔身周围总数即得。”云云。刘士能师调查易县(河北省)白塔院千佛塔,所见明正统十四年(1449)《重修舍利塔记》有:“高一百又十尺,围亦称之。”河北正定金大定二十五年(1185)所建临济寺青塔,明正德十六年(1521)《重修记》载:“塔之高为丈者八,为尺者九,基之围为尺者如高之数,向上渐加杀焉。”近见北京妙应寺白塔有如许记载:“据民国十二年(1923)重修补时,计算所得白塔之高传为廿八丈,其实高为廿一丈,塔座方形,每面七丈,四面之长,其长为廿八丈,与塔之高相等,塔尖之长,系为一丈八尺,塔尖下之盘系为三丈余之径。”(箓云:《京师十塔咏》妙应寺白塔诗注)陈明达兄调查山西应县木塔谓:“……上述结果与《营造法原》所说‘周围总数’既相差不远,又和各层高度有密切关系,因此可以认为‘周围总数’是概括的说法,不是硬性的规定。正如《营造法式》所说‘柱高不越间之广’一样,给设计者一个准则,又留有伸缩余地。其次姚氏所说‘周围总数’是以‘塔盘阶沿’为准,此塔是以第三层柱头为准,似可理解为因砖木结构不同,或层数不同,以哪一层为准,又有不同的标准。”木塔高据实测为67.31米(见《应县木塔》)。存此数节以资研究塔高度之参考。

北京天宁寺塔,旧塔前有殿。据传闻中午塔影入殿门窗隙,一塔散为数十塔,影皆倒者。又据寺僧传册所记,塔上有铃,凡2928枚,合重10492斤。法藏寺弥陀塔,在左安门内,寺亦名法塔寺。清光绪庚子(1900)前山门大殿独存。北京塔可登者,仅此塔及玉泉山塔耳。今弥陀塔已毁。

1

2

1 北京天宁寺塔

2 天宁寺塔基座局部

上海塔琐谈

载《文汇报》1962年12月21日

宝塔是我国的佛教建筑，千余年来，在广大辽阔的国土上，耸立着古代劳动人民各个时期精心建造的作品。这些建筑，在悠久的岁月里，点缀在城市、山林、原野、水乡中，与广大人民结下了深厚的情谊。

上海有十一座古塔，分布在市区及附近各县。它们在不同的地理环境中，构成了各县风光的画面，勾勒了城镇乡村的面貌，吸引了无数的游客，丰富了诗人和画家的题材，尤其是解放后，上海到处是新的建筑，这十一座古塔，未始不是旧城新貌的最好标志。

上海现存的塔，基本上都是楼阁式的木檐砖塔，以时间而论，最古老的当推龙华塔，建于公元977年，宋太平兴国二年；最年轻的是青浦的万寿塔，建于公元1743年，清乾隆八年。龙华是风景区，每当桃花盛开，庙会举行的时候，人人都想一登此塔为快。它耸立在黄浦江边，龙华镇旁。人们如果有机会登临的话，那么会看到澄江如练，古刹（龙华寺）俨然，稍远的龙华公园，又是绚烂若锦，再远眺则崇楼广宇，平畴千里，江山如画。

江南楼阁式的木檐砖塔，充满着"建筑美"。久居江南的人看来固然依依可爱，初到江南的人看来，更感到清新玲珑，柔和宜人。它点出了明浩秀阔的江南景色，龙华塔便是最好的一例。1954年，龙华塔经过了彻底的复原修理，我参与了其事。那匀整的轮廓线，挺秀的曲折阑干，七层"如翠斯飞"的翼角，衬托了橙黄的塔身，使人感到气象万千。

松江有两座塔，一座是建于北宋熙宁（1068—1093）前后的兴圣教寺塔，俗称方塔（1974年重修，我亦参与其事），矗立在城中。其旁有明洪武二

1

1 龙华寺全景

年（1369）的大砖刻，是一件国内不可多得的最大的砖刻艺术。城外的西林塔，八角七层，紧邻市河，塔下有塔射园，便是“借景”该塔的。人们缓缓地走过横跨的市桥，悠然望见人家临水，背负古塔，而尖拱的秀野桥，静卧波上，真是一幅水乡妙境。

松江附近还可望见两塔，其一是远处天马山的护珠塔（建于公元1079年，宋元丰二年），它的木檐虽已不存，但砖身屹立，宛如老衲，不禁令人回忆起当年西湖南屏山的雷峰塔来。另一是较近黄浦江上游，李塔汇镇的李塔，七层方形，建造时间亦属宋代。这二塔，一在山上，一在水际，与兴圣教寺塔、西林塔互相呼应。

佘山是上海的风景区，近百年来因为建造天主教堂，将林木蔚然，古刹、名园俱全的佘山弄得面目全非。这样美丽的地方，我们祖先的遗物，仅剩下一座在半山的秀道者塔了。这塔为北宋初一个名叫聪道人的所建造。八棱七层，并不高大，却当得起一个“秀”字。它的修长的砖身，说得具体一点的话，有如当年西湖保俶塔一样的风姿。《松江府志》：“普照寺本佘山东庵，太平兴国三年（978）聪道人开山，治平二年（1065）赐额，有道人塔，有月轩，旁有虎树亭，道人在山时，有二虎随侍，道人死，虎亦死，瘗塔旁。”此塔以此又名虎塔。余曾于塔基下捡得宋“重唇滴水”，图案甚美。

青浦的青龙镇，是唐宋间对海外贸易的港口，素有三亭七塔十三寺之称，如今保存了宋庆历年间（1041—1048）重建的古云禅寺塔，又称青龙塔。它八角七层，形制古朴，保留着宋塔形式。青浦城南的万寿塔，高七层，建于

2

3

2 上海龙华塔（一）

3 上海龙华塔（二）

清代。它的位置三面环水，是入城时水陆交通必经之处，不知已迎送了多少行人。

嘉定的法华塔，建于南宋开禧年间（1205—1207），比嘉定设县还要早十年，它四角七层，屹立城中，可说是嘉定最老的纪念物。

南翔镇云翔寺前双塔，七层四方形，殊低小，传为五代时物。松隐元塔，四角七层。以上诸塔，今尚屹立，虽历经数百年乃至千年，足证古代砖结构之坚固持久也。

淮安文通塔考

1972年9月中旬偕秉杰、述传同至淮安勘查文通塔，其建造年代考订如次：

此塔平面八边形，无塔心柱，砖砌，现存腰檐六层，其底层较高，下部砖墙略向内收，似尚有围廊一周，以构成七层之塔。塔顶为后修时所加，与整个塔比例不相称，以平面而论，已是五代北宋以来多边形做法，但塔内无塔心柱，尚沿袭唐塔遗风，其砖壁已视唐塔为薄，空间加大，则较唐塔在结构与平面使用上已有所发展，塔檐为砖叠涩出檐，不模仿木结构形式，犹存北魏迄唐砖塔出檐之做法，因此塔外形抛物线较大，有显著收分，视宋代其他诸塔为凝重，而塔内部又视有塔心柱者为宽畅，在宋塔中尚是罕见之例。实为我国唐宋塔递变中重要实例，不能因其形式质朴而贬低其发展中之价值。因此就平面、外形与结构三者而论，应是宋代早期之砖塔。

塔内现存石刻：（一）北宋太平兴国九年（984）张弢建塔碑记（在六层）。（二）北宋太平兴国九年碑（在五层）。（三）元碑？（四）清咸丰元年（1851）重修文通塔记。案太平兴国计八年，九年已更元为雍熙。此碑尚沿用旧年号，碑文书法（正书）遒劲，犹存唐人之风，为唐宋书法变迁中之过渡作品，不特书法佳美而已。其二宋碑，碑文残缺，检文字有“兵火焚烧”“成满到第四级矣”及“舍净财成就第五级”等语。再就书法论与前述之碑同一风格，则其为宋碑无疑。残文中尚余“国九”两字，应同属北宋太平兴国九年所刻。元碑？无纪年，有“楚州衙内……副将刘承嗣舍钱壹贯”语。从书法（行书）而论，尚承有宋代遗意，若系元碑，应是元代早期石刻。以上三碑似未

1

1 文通塔（淮安市文物局供图）

见罗氏《淮阴金石志》及其他金石著录，殊可珍护。清碑云：“唐中宗景龙二年（708）所建。”[1]与实物形制不符。又云“是塔之易为文通，当在明代。塔高十三丈三尺”等语，可资参考。

案北宋太平兴国九年张漻建塔碑所载：“旧址自大隋仁寿二年（602）瘗瘗上有丽阁……周室重兴，淮甸同轨，山阳一郡，兵火罄然，舍利空存其基也。”则为木塔无疑，其后北宋初建此塔，易为砖砌。“至太平兴国九年，漻切睹胜利辄启精诚，遂舍己财壹拾阡，砖贰万口，母亲王氏砖壹万口，长男文通舍砖贰万口，共成第六级。……时太平兴国九年岁次甲申六月□日弟子张漻、母亲王氏、长男文通等记”等语，知为是年建成至第六层，而另碑又刻于同年，碑文有“舍净财成就第五级”语，则同为一时所建造，据此可知古代施工技术及筹款迟速等因素，一塔之成非在旦夕。兹姑以此年为最接近建成时期。其始建之年又无可考，因此定此塔为北宋太平兴国九年所建，似尚有所据了。

又按苏州罗汉院双塔建于北宋太平兴国七年（982），州民王文罕、文安、文胜所建。上海龙华塔建于北宋太平兴国二年（977）。此二处之塔建造年代与文通塔最近，且同在江苏，但苏南苏北相距几近千里，双塔、龙华塔已为仿木结构楼阁式，此塔尚沿唐塔叠涩出檐，故我疑楼阁式砖塔似始兴于

1 编者注：学界亦有一说，“文通塔建于唐中宗景龙二年（708），距今已有一千二百八十余年。当时名为尊圣塔，俗名叫敦煌塔。赐田一千亩，上供诸佛香火之资，下济众僧日食之需。（《龙兴寺塔缘起》）宋嘉熙四年（1240），此塔重修，知淮安州王珪（同‘圭’）为铭”。

2

2 文通塔远景（淮安市文物局供图）

江南。（参拙文《上海塔琐谈》，《文汇报》1962年12月21日及《苏州罗汉院正殿遗址》，《同济学报》1957年第2期）

1954年龙华塔修瓦当仿自苏州双塔宋瓦当，滴水仿巨鹿出土宋滴水。

近阅吴梅村诗《九峰草堂歌》注有虎塔一条，可证上海佘山秀道者塔之建造年代。

虎塔《松江府志》普照寺本佘山东庵，宋太平兴国三年聪道人开山，治平二年（1065）赐额有道人塔，有月轩，旁有虎树亭，道人在山时有二虎随侍，道人死，虎亦死，瘗之塔旁。或云宋庆历七年聪道人建。此塔今尚存，秉杰曾测绘，云普照寺一碑犹存塔下。案此塔予曾屡至，秀挺于佘山之麓，形制极美，亦楼阁式，与双塔、龙华塔同一类型，唯比例则更佳。

豫晋散记

编者按：本篇为节选

登开封铁塔

河南、山西已是快十年未到了，今夏（1964）暑假偕喻君维国，从七月中旬出发，至八月下旬回沪，漫游了豫北与晋南。虽说是盛暑的季节，然而伟大辽阔的祖国土地，有着不同的气候，在这些地区，确是清凉宜人，无异作了一次有意识的避暑。但所见所闻，对我这阔别十年的人来说，真是变了样，一时不知从何说起呢！

七月十六日午前，上海的水银柱已升到三十八摄氏度多，大伏天气了。傍晚在浦口轮渡上已是四十摄氏度左右，车厢中的电扇送来的只是热气，人已有些倦意了，不觉渐入睡乡。第二天清晨到了开封，半夜滂沱大雨，顿如清秋，站上丰收的汴梁西瓜，虽足足有二十多斤，却一时勾引不了我的食欲，只希望在归途中带上两个，给在家的孩子们来个皆大欢喜。记得过去我曾买过一个二十五斤的西瓜，整整吃了两天，其情宛在目前。

开封是北宋时的汴梁城，京师所在，因为地濒黄河，屡为水浸，这历史上的名都还压在两米以下的黄土中，犹待今后新中国的考古者发掘呢。但是十四年来这城确是改变得快，修整的市容，热闹的相国寺，矗入云霄的铁塔，以及相国寺龙亭等，都是吸引游人的去处。《史记》上所说的“余过大梁之墟，求所谓夷门，夷门者，城之东门也”的怀古情绪，早为今日旧城新貌的境界而转移了。

祐国寺塔在开封城东北，现今铁塔公园内。这塔全身以铁色琉璃砖贴面砌成，故名铁塔：凡十三层，据实测高54.66米，建于北宋仁宗庆历四年

1 祐国寺铁塔

1

2 祐国寺铁塔细部

2

（1044），平面八角形，由砖壁内可盘旋登至最高层。黄河巨流，奔腾槛底，闾阎扑地，平畴无际，一一尽入眼帘了。这塔的外形秀挺，铁色的琉璃砖在阳光下闪闪炫人，而蓝天白云，苍松垂柳，在这公园中每天不知有多少劳动人民，来此休憩，借以消除一天的工作疲劳呢？

铁色的琉璃面砖一共有二十八种标准块，这可以用来砌出墙面、门窗、柱梁、斗拱等等，是我国古代劳动人民在材料技术方面的一个伟大创造。精美工致，它无异是一个铁色琉璃制品，多么的灵秀可爱。从建塔到现在，它经过了地震三十七次，大风十八次，水患十五次，雨患九次。尤以明清两代的黄河决口影响最大。抗战开始，敌人隔河以炮击，铁塔负伤累累，可是正如中华民族一样屹然不动。解放后，铁塔经彻底修缮，洗尽了疮痕，装点得很齐整了，形成开封市的重要特征。当我登到最高层的时候，凭栏四望，真的是“江山如此多娇”啊。铁塔前有铜佛，座高二尺，佛身高一丈六尺，硕大无比，此祐国寺遗物，北宋时所铸。

繁塔与铁塔齐名，原名兴慈塔，因有繁姓居其侧，故俗以此呼之。塔建于北宋太平兴国二年（977），平面六角形，现只存三层，乃明初信“铲王气”削改之余，但是高度仍是相当可观。这塔的建造年代比铁塔早，却已经用标准面砖来处理塔面的装饰，塔上砖面上有着各式各样形态佛像与图案，与铁塔一样使我们每一块砖都耐看，不过后者属琉璃制品而已。应该指出铁塔与繁塔是今日研究宋汴梁城最重要的历史标识。

龙亭在宋故宫最后的地方，明为周王府，今遗址开辟为龙亭公园。亭位于高六十余级高台上，踞台而望，收全城于一览中。其前之潘杨二湖，则一叶轻舟，供游者荡漾垂柳藕花间，此一片清波给开封城平添了一些江南的风光。闻名天下的相国寺铜佛像，早为军阀毁去，如今建筑修整后作为文化馆，四周的商场百货杂陈，又是游开封者必到之地了。

嵩山之行

七月廿一日晨，乘汽车由郑州去登封，经密县，十一时半达县城，回思上次来此，为时未能算久，然一路坦道，屋舍俨然，过去土路窑洞已不复能见，甚矣建设之快速也。记得当年阻雨困于登封，实因土路未能行车所致。

嵩山主体在登封县西北，由太室少室两山组成，西南与伏牛山相接，余脉东去，止于密县中部，绵延约六十五公里。因为它地处中原，所以被称为中岳，与东岳泰山、西岳华山、南岳衡山、北岳恒山，合称为五岳，峻极峰高一千五百八十四米，为嵩山最高峰。山不但以气候凉爽、风景雄健而著世。由汉以来历北魏唐宋，所遗石刻古建独多，盖当时封建君王，皆以嵩山为避暑的地方，以距洛阳很近。而少林寺拳术则更为大家所熟悉的了，如今该寺后殿，地砖上累累窟窿，即练武之遗迹，偏殿四壁绘武术壁画犹历历可见。

中原山水与东南稍异，正如北宗山水与南宗山水一样，这个道理如果不登嵩山，所领悟之处，自有浅深。嵩山之行，对我来说，确是一件快事。嵩山望去呈紫褐色，土是赤红，山间苍翠的树木，又是那么浓郁，云烟出岫，石骨峥嵘，其色彩之鲜明，轮廓之矫挺，正如唐代大小李将军的一幅金碧山水画，只可惜缺少楼阁的点缀。然而嵩岳寺、中岳庙一面，还能仿佛似之。至此方悟北宗青绿山水，以朱砂打底，上敷青绿，再以金线勾勒，其原有所自也。

嵩岳寺，原为北魏的一处离宫。古塔一座巍然矗立于山间，建于北魏正光四年（524），是我国现存塔中最老的一例，也是唯一的一个平面作十二边形的塔，高十五层，第一层特高，上均作密檐，计约四十米，外形作抛物线状，柔和可意。淡黄的壁面衬托在苍褐色的山下，雅浩挺秀，令人望之神往，流连忘返，我盘桓山间到暮霭沉沉之时，方跨马去法王寺与会善寺，到灯火灿然之际，始回到县城。在途中看了唐天宝三年（744）嵩阳观碑，这碑是唐碑中的极则，造型雕刻之美，表现了唐代艺术的雄伟风格，北京的人民英雄纪念碑设计，形式是受此影响。

少林寺距登封县城十四公里，在少室山下，如今汽车可达，是佛教禅宗名刹，以历代塔林（僧墓）与石刻称世。寺倚山面峰，松林如盖，清溪若奔，宛如一幅宋画，上次（1956年夏）来嵩山，因坠马伤胸，未能到此，这次一路看山而来，无异将长卷舒铺，逐陈眼底，到少林寺是卷末画的顶峰了。这天中午天气明朗，我有机缘看到“少室晴云”，归途中又是濛濛细雨，更使我饱尝了湿峰烟霭，与新建成功辽阔的嵩山水库。

少林寺的建筑范围极大，可惜主殿藏经阁等为军阀石友三所焚去，摧残了这历史名迹，如今有文物保管所专门负责嵩山的文物，与接待各地的游客。我曾在寺后一座宋代建筑名初祖庵的石柱上，看到丁丑（1937）四月傅沅叔（增湘）与徐森玉（鸿宝）二老的题记。湘老已辞世，其后人忠谟熹年与我友善。森老如今以八十四岁高龄，犹任上海市文物管理委员会主任与上海博物馆馆长，老而弥健，愉快地为人民服务。他如果重游的话，见了新的嵩山，不知作何兴奋之辞了。

中岳庙是入嵩山的大门，旧为历代祀岳之处，整个建筑群雄大完整，新近又修整了一次，如今并设有招待所，夏日游嵩山下榻于此，真是凉爽极了。庙中有百代碑刻，汉代的石阙石人，宋代的铁人等，足够逗玩。至于峻极峰以及太室三十六峰，少室三十六峰诸梵刹等，足够游者尽兴游览。今后可以游罢龙门，再登嵩山，然后到郑州，可由火车通东西南北，真是太便捷了。

在县城中，承当地政府的招待，居处小院一角，窗前苹果绚红，枝压南墙，而晓山凝翠，又时时映我槛前，几日倦游，复我疲躯，临行握别，不尽依依，我频频对大家说，还拟作第三次重游啊。

广胜寺与“赵城藏”

七日清晨，我们动身去赵城广胜寺，寺距洪洞城三十五里，已建成了坦浩的公路。但是此次到晋南来，总是坐火车、汽车，沿途山景，不免有走马看花之感，因此去广胜寺决改乘小驴车，需停便停，要走就走，倒也落得“潇洒”一下。但必须前天先与合作社接洽好，因为这种旅行在那里已是落伍的了，成千上万辆自行车，以及公共汽车，早就接替了这原始的代步方式。

出洪洞城，一路浓荫夹道，清流随人，田野间点缀着穿红着绿的村姑，十分鲜明可爱。渐行渐遥，望远山一塔耸然，同行者说，这便是霍山，塔名飞虹

3
嵩岳寺

3

4

4 嵩岳寺细部

塔，即广胜上寺所在地，而路旁泉声益喧，延续数里，清澈见底，荇草蔓生，虽时近中午，溽暑却顿为之一消，古人所谓“醒泉”者，殆指此类而言了。晋南的泉，其佳处在醇厚清冽，荇草翠绿若新染，仿佛如饮汾酒，其浓郁芬芳处为他酒所不及者一样。这水从霍山山间来，名霍泉，眼底的一片肥沃农田，便是此泉所形成的。如今广胜下寺山门口建了水力发电站，又将泉三七分流，灌溉了赵城、洪洞两县的土地。

在广胜下寺文物保养所午餐，这里设有招待所，很是恬静，半天疲躯借榻休息了一会，便上山去看上寺。山有四百米的高度，这天中午特别热，拾级而上，喘息难平，到半山坐松林下，望纵横阡陌，午阴村居，信“霍泉”之利民了。到上寺先看飞虹塔，这塔建成于明代嘉靖六年（1527），僧达连所主持，这项工程是一座八角十三层的琉璃砖塔，高47.63米。五色琉璃，与蓝天白云，织成了一幅华丽的“明锦”，鼓着余勇登塔，梯级设于砖壁内，每向上走几步，必须将身后转跳到对方梯级上，如是上登，这种形式之梯级，是我国古塔中少见的一例。如今外边搭了脚手架，正在修理，因此得有机会将各层琉璃佛像仔细摩挲一番，如此工整而古艳夺目的明代手工艺，在我国琉璃的制作中，允称上乘之作了。

上寺以藏著名的“赵城藏”的地方，是金代刻板的大藏经，自从1933年发现以后，轰动了全国。抗日战争期间，日寇曾决定抢劫此藏经，八路军太岳军分区负责人薄一波同志派队伍去抢救出来，当时还牺牲了几位战士。如今这部“赵城藏”，完整地保存在北京图书馆。这一段生动的事例告诉了我们，中国人民解放军的确为人民做了数不清的好事。如今寺里的和尚指着殿中原来藏经的柜橱，娓娓地讲这件事，他的神态中流露出一个虔诚的佛教徒衷心感激的心情。

下寺的大殿，在枋上题着“大元至元二年（1309）季秋”，两壁原来是精美的元代壁画，民国十八年（1929）该地土豪勾结奸商出售于美国史克门。如今装在纳尔逊艺术博物馆内。我们看到两面的土壁，心情很是难受。下寺旁龙王庙的明应王殿，是广胜寺区内四座元代建筑之一，除正面当中一间装板门外，全系土坯墙，内部满绘壁画，“大行散乐忠都秀在此作场”的巨幅，便在南壁东侧的墙上，是中国戏剧史上的珍贵史迹。由当时的画家胡天祥、高文远、席待诏等所绘，末署“大元岁次甲子泰定元年”（1324）等字，则殿的建造年代，最迟亦不能过泰定元年了。

这殿的壁画，乍视之下，几疑为宋人之笔，盖用笔之挺健流走，设色之醇厚朴茂，元画中实不多见，此当与悬腕中锋有关，亦是壁画的特点所使然的。如今殿中正在开始临摹的工作，想不久此元代壁画又可与远近的爱好者相见了。

广胜寺的建筑，像下寺正殿减去了柱子，移动了柱子的位置，在梁架上作了大胆而灵活的结构方法，使殿内空间扩大，是此殿的一个特色。在明应王殿的相对，有着一个戏台，虽然已经后代重修，但可以说明中国戏曲在元朝有着很大的发展。

归途中停车看了一些新旧的民居，和个别的小庙，夕阳斜照于林间，晚冉冉兮将至的时候，我们方才望见洪洞县城，到旅舍已是万家灯火了。夜十二时火车赴太谷，次日黎明到站。这里过去是票号纱号及富商的集中地，城市中的建筑规模很大，厚墙高楼，望之森然。如今还保存它的原状，以作为今日研究近代历史与建筑的实物资料。可是，新的太谷却在南门外大大的扩建，使人难以置信。一向保守的太谷城，今天也居然披上新装了。十日早晨四时，大雨如注，我们满以为无法到火车站，不料走到旅馆门口，那昨天相约好的三轮车，却按时地等候着我们，这真使人感动极了。他说："天雨客人不方便，我们就得为人方便。"话虽简单，含意多深啊！

太原是我旧游之地，今日重来，倍觉亲切，招待我住的地方——迎泽宾馆，面对着大道，高柳垂荫，晓风拂面。我从楼上凭槛远望，这几年来的建设，已彻底改变了当年军阀割据时狭小的落后城市面貌。新马路架上了无轨电车，风景区的晋祠，有不断的公共汽车可达。我曾去找我当年居住过的旅馆，今天已改建为高厦，幸亏路名未改，不然的话，那可无法辨认了。

山西省文物管理委员会罗主任、周工程师等来谈了一天有关山西古建筑保护的情况。临行，太原工学院土木系主任陈绎勤教授坚邀我去尝一次山西名菜与面，老友重逢，盛意无法推辞，卒至薄醉登车，次晨醒来，火车已到北京站了，时八月十二日。

1964年10月

松江县的古代建筑——唐幢、宋塔、明刻

载《文物参考资料》1954年第7期

去年十二月初，我和戴复东、吴庐生、朱保良诸同志赴江苏松江县调查古建筑，其中有唐宣宗大中十三年（859）的经幢，北宋熙宁（1068—1077）间建的兴圣教寺塔，明初太祖洪武三年（1370）的巨形雕砖照壁，明末董其昌书金刚经碑。这次调查的主要对象是兴圣教寺塔，所以本文就先从它起介绍。

兴圣教寺位于松江县城内东南谷市桥西，五代后汉隐帝乾佑二年（949）邑人张瑗之子仁舍宅为寺，本名兴国长寺，到北宋真宗大中祥符（1008—1016）中改觉元院，后又改今额。熙宁间沙门希玠与如讷如礼建塔，四面九级，旁有钟楼，其高及塔的一半，元季寺毁于兵而塔与钟楼独存，明初太祖洪武三年，知府林庆以其地三分之二建府城隍庙，其后寺僧道安原珍在庙南建忏堂五间，附塔而居，榜曰兴圣塔院，未几塔坏于飓风，复行修理，始自洪武二十九年丙子（1396），至成祖永乐十三年乙未（1415）落成。英宗正统十二年（1447）僧善昌重修，神宗万历（1573—1619）间僧大振再修，二十七年（1599）署丞顾正心复修钟楼，清世祖顺治十七年（1660）同知刘作霖捐葺钟楼，提督梁化凤施资修塔，至高宗乾隆三十二年（1767）僧慧诚募修浮图，仁宗嘉庆五年（1800）邑人沈虞扬修钟楼，宣宗道光（1821—1850）间一度重修塔，而文宗咸丰十年（1860）太平天国革命战争时钟楼毁于兵。如今四周复都夷为平地，只见孤塔屹立，其外观虽没有唐构的凝重古朴，而耸然于断垣残照中，仍能表现出它的无限美感。

塔的平面：塔南向，偏东五度，平面为正方形，每边宽六公尺，每面以砖倚柱划为三间，明间中央辟门，门内经走道，然后导至中央方室，无塔心柱，每层施木楼板，与附近的上海龙华塔、苏州罗汉院双塔，同样尚存北魏嵩岳寺塔旧法。按我国砖塔，自辽宋以来，它的平面大多是八边形，而这个塔建于北宋，但仍袭唐代大小雁塔方形的旧法，实在是宋塔中难得的遗构，不失为唐宋塔嬗递中的特例。现在楼板只余七层以上，所以从下仰看，如一个倒置的枯井，而各层平面则都与底层相同。

外观：塔九层，砖砌。每层施木构平座腰檐，壁面除栌斗及其左右出的泥道拱慢拱皆用砖砌出，其他华拱与跳头上的令拱全系木制。每层约收进一倚柱径，向上逐层递减。全部结构，简浩明快。塔下四周浮土甚高，台基已不可见，假使拿苏州双塔的情形来说，根据张志刚先生发掘结果，尚有二公尺砖砌塔基一层，随塔身回转，但是这塔是否如此，未经发掘，尚不知道。塔每面面阔三间，除柱头铺作及转角铺作外，明间施补间铺做一朵。直接置于阑额上，无普柏枋。各层皆相同，倚柱系整块圆砖实砌，它的直径为三十公分，上施圆形栌斗及柱头欂角等铺作。现在第一层及第九层的受损尤重，应速抢修。如果限于目前条件，可先将塔门暂行封闭，底层残缺处略略加固，使塔砖不致剥落。

第一层：四面明间设门，作壶门式，现在南面一门壶门已残缺不存，它的上面施木过梁。门外积土甚高，所以入口须向内逐渐降低。现在塔檐及平座已无，仅见榫眼数处，似原来尚有附阶一层。而该层特高，颇似苏州双塔的，因此我怀疑原来或有如山西应县佛宫寺木塔有重檐的可能。

第二层以上每层都有木制的平座腰檐，现凋落殊甚，而平座上的勾阑已没有存在的了。外壁表面则于圆形的柱下施地栿，上施阑额配以壶门式的门，门的两侧列方柱，阑额上无普柏枋。平座以现状而论，系在砖砌的泥道拱中出挑梁一层，出头作卷头状，是否是后修时利用旧物，或是重制的，已无由知道。挑梁上施楞木，上铺地板，雁翅版则钉在挑梁梁头。其外加磨砖一层。平座转角皆置于戗脊上，亦是后来重修时不合理的做法，虽然在平座结构未产生前亦用过这种办法，但此决不是有意做成的。这塔各层檐下斗拱权衡较原来砖砌的为小，系明代所修补，用五铺做双抄，栌斗左右出泥道拱慢拱与柱头枋，华拱出二跳计心造，分别承受令拱与罗汉枋檫檐枋，还存旧制，其上则为遮椽板所掩。依《营造法式》卷五平座斗拱来说是应当“减上屋一跳或二跳”。那么这塔的平座斗拱一定不是现在状况可知，此与苏州北寺塔修理犯了同样的错误，是清代修理时的因陋就简办法。又平座四隅设木柱，支于上层的檐下，及出檐起翘，皆明清江南的做法。

塔顶的刹：于垂脊上直接施覆钵，无基座，覆钵上为露盘，再上为相轮九层，其数较上海龙华塔、苏州双塔北寺塔以及应县木塔均增加。上为宝盖，再上复施实珠，至顶为略似葫芦形的宝瓶。刹上无水烟圆光，其宝盖宝珠上部已呈繁琐，是一度经明清重修的征象。其大体比例，还保存唐刹的遗型。

内部结构：塔内各层方室，四出辟门，中有走道。走道的顶有藻井，它的中央留一孔，尚能望见其中的木骨，壶门上部，其内侧有枋，置于木栌斗上，作月梁形。我们在底层南面的月梁下，石灰剥落处见到一行墨笔题字，但已如粉状浮于木上，一经触手，就不成字，仅能认到“男满询通并家眷”七字，看它的

1

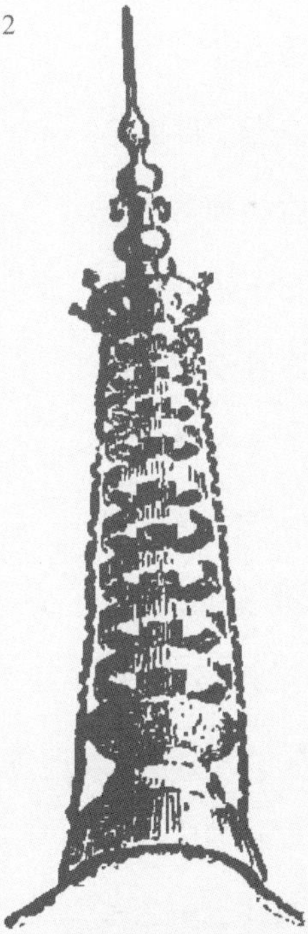

2

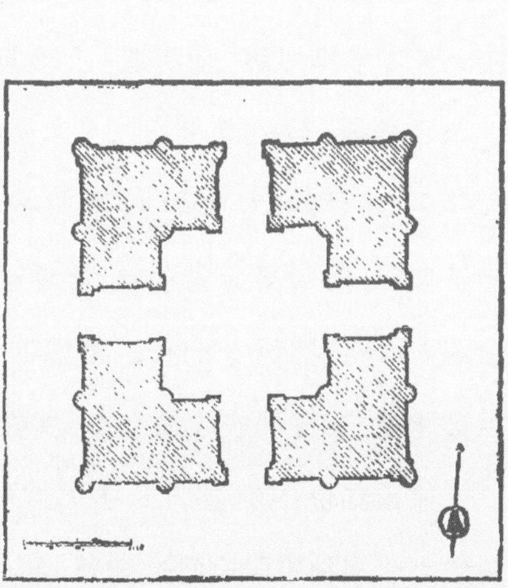

3

1 松江兴圣教寺塔

2 兴圣教寺塔塔刹

3 兴圣教寺塔底层平面图

笔意与措辞，可能是北宋间的遗物。内部各层方室都装有木构楼板，为北魏以来沿用的旧法，但木板的上面可能如龙华塔双塔一样的再铺方砖，则须攀登最上三层后方能知晓。

第一层内部结构详状，系于四隅施砖砌圆形倚柱，上施内额，额上施栌斗，其左右出泥道拱慢拱，无跳头，以现在形制来看，二层楼板不用斗拱承载，而直接将楞木嵌于壁面，中间距离颇高，似乎它的中间还应有藻井一层。入口的门则作圆拱状，与上八层方形有别。

第二层以上高度逐渐减低，每层面积的向内收进一倚柱径，逐层递减，与外壁情况相同。柱上施阑额一层，其下复有一枋载于入口两侧的方柱栌斗内，额上斗拱用五铺作重抄，自栌斗口左右泥道拱慢拱，上施素枋一层，华拱第一跳偷心造，第二跳施令拱，载素枋一层。部分的拱两端卷杀，在拱瓣的角上刻凹曲线，乃清代江浙通行的做法，是清代重修无疑。转角铺作于栌斗中出四十五度华拱二跳，偷心造，上施素枋，其法与苏州双塔同。楞木置于枋上用以承受楼板。现在第七层以上为楼板遮住，其余各层结构相同。塔内梯级，现仅见第六层的木梯尚存，再根据壁面挖削部分观测，系同为木质。第一层置于东首，第二层仍置东首，前者自南向北登梯，后者自北向南登梯，三层以上则东西相闪而置。刹杆以龙华塔双塔北寺塔诸例而言，应延至八层，再用巨梁承载，可惜现在没法上去。现在刹已向东北倾侧。

建造年份：我们除了从塔本身的形制与特征，并证以江南同时代的宋塔，确定为北宋神宗熙宁间造无疑。再参考康熙二年《松江府志》，嘉庆二十三年

《松江府志》，光绪四年《松江府续志》，以及《华亭县志》载明释心泰《重修塔记略》，均能符合。唯以现状分析塔砖身是北宋原构，砖拱亦是旧物，木构的斗拱除明制外部分还有清代修理的，它的权衡都比砖砌的小。结构仍用宋代旧法。而在明代的几次重修，显然是外檐、平座、斗拱、楼板等部分。至于外檐及平座是清顺治间修后，又经道光时再修，方才成为今日的状态。这塔在中国建筑史上是个重要的证物，是值得保护的。

唐幢：距塔西半里，旧松江府华亭县前有经幢一座，下部埋于土石堆中，残损殊甚，八棱幢身，刻“佛说大佛顶陀罗泥经”，字迹挺秀，一望是唐人的笔意，但已剥蚀得不能全部辨清楚。且本身复有断痕。幢身上施宝盖装饰，卷云，八棱之顶，仰莲等。仰莲莲瓣系多层，与我们去年调查的附近硖石唐懿宗咸通十五年（874）二幢相同。卷云的上层镌神象、仰莲下层刻佛，刀法遒劲，线条豪放，唯层数已加多，权衡顿觉肥硕。现最上层的顶已无存。根据康熙二年《松江府志》，这幢建于唐宣宗大中十三年（859），当可无疑。相传地有涌泉，云是海眼，立此镇之。它与山西五台县佛光寺唐宣宗大中十一年（857）一幢，仅相差二载。这幢未被收入孙星衍《寰宇访碑录》。

明雕砖照壁：塔北松江府城隍庙，根据《松江府志》是建于明初洪武三年（1370）。庙非原构，大殿亦圮，唯山门前照壁犹存，系砖刻，宽达面宽一间，高及丈余，巨硕无比，刻麒麟、鹿、卷云、芝草等，生动异常，其手法虽略显繁缛，在江南雕砖中还是上乘，现完整如新，应是值得珍护的。

董书金刚经碑：庙东首为董其昌祠，祠已废，而董书金刚经碑折断于地上，是书行款构成塔状，别具一格，当地人很重视。现已有苏南交管会设法保存。

（同济大学建筑系建筑历史教学组调查，陈从周撰文）

硖石惠力寺的唐咸通经幢

载《文物》1953年，同济大学建筑系建筑历史教研组调查，陈从周执笔今年一月，我们乘假日旅行，实测了浙江海宁县硖石（又名硖川）镇的惠力寺唐咸通二经幢。

海宁有唐石幢五座，都刻有尊胜陀罗尼经。在城中安国寺有三座：一是建于唐会昌四年（844）；一是建于唐咸通六年（865）；另外一座无年月，据陈仲鱼（鳣）的考证，可能建于唐会昌三年（843）。在硖石惠力寺有二座，都是建于唐咸通十五年（874）。城内的三座，这次因时间所限未能前去调查。

惠力寺经幢，在寺的山门两旁，东西各一，面对紫薇桥。惠力寺原来范围很大，据《硖川续志》说：有钟楼、鼓楼、山门、石经幢、观音殿、总管堂、韦驮禅堂、舍利阁、罗汉堂、善宦祠、白刺史祠等，是“东晋宁康中，尚书张延光舍宅所建，僧云摠开山，名志愿。唐肃宗乾元元年（758）勅支本县税钱修饰，唐季毁。宋太祖乾德二年（964）甲子营田将吴仁绶等捐资复建，太宗雍熙二年（985）已酉告竣，真宗祥符二年（1009）已酉赐额惠力寺，南宋又毁。孝宗淳熙十四年（1187）丁未重建，宋季复毁。元顺帝至正二年（1342）壬午重建，……嘉靖三十七年（1558）戊午镇罹倭患，寺宇倾圮，僧惠铭道人许明朗协力重修，隆庆五年（1571）辛未竣役。国初殿复倾圮……［康熙］九年（1670）八月始竣。……乾隆八年（1743）钟楼山门毁于火……而大殿东北角又圮……竣事于五十二年（1787）。”现在寺山门已毁，仅存重檐歇山正殿一座，观音殿一座，其余都已改为学校。以正殿形制看，大约是太平天国后所重建的。正殿前辟为操场，门址亦用墙堵塞。解放后，两幢旁已建民房，经幢夹在房屋之间，只有一面可见。惠力寺屡经兵燹，毁而复建者多次，而这两座

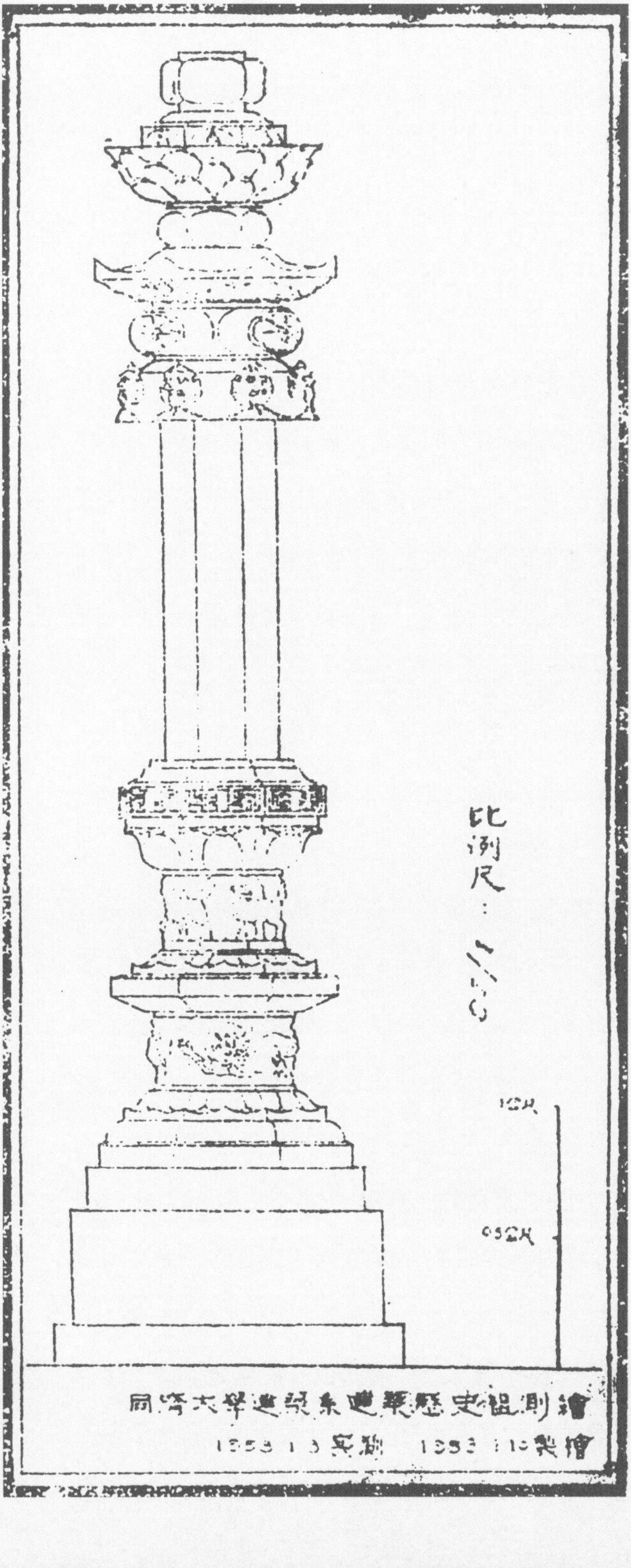

1

1 硖石唐咸通经幢

经幢千年来侥幸未遭破坏，今后应很好地保存。

关于二幢的年代，根据我们现在参考到的四种文献：一、孙星衍《寰宇访碑录》；二、阮元《两浙金石志》；三、王德浩《嘉庆硖川续志》；四、陈鳣志愿寺二幢的记载；都说建于唐咸通十五年（874）。

现在碑上经文及记年题名。一部分已剥泐，一部分在建民屋时为匠人涂垩，已无法找到，仅拓得经文数字而已。

二幢的大小形制相同，分列在山门的左右，中心距离为13.3公尺。整个幢自地面到顶计高4.98公尺。上下分十四段，安置在四边形的方台上，最下为八边形的须弥座式基座，第一层束腰部分雕蟠龙，刀法简劲有力，极为生动。第二层束腰部分有狮子四个承托仰莲。它上面的莲瓣，在北方的许多幢多是二层或三层，这个幢只有一层，但是形制仍极清秀婉丽，上部勾栏所镌华文，也简浩可爱。幢身为八棱石柱，遍刻“尊胜陀罗尼经”。上部的宝盖式装饰，每遇转角，皆饰以兽面，口衔璎珞带。上有圆石一，四面刻略似海棠形图案。再上有八棱顶，顶下刻有飞仙，飘然欲举，线条极美。在开封开元寺晚唐中和五年（885）造，后唐天成五年（930）重建的一座幢，它上面的飞仙就比这个幢上的要繁缛些。幢顶结构，按照国内其他的一些例子，应有宝珠，而这二幢已无，大约因年久残缺，所以现存的形状，共顶系圆形石，下面置有一石，八面都刻有座像，下面安放仰莲。以整个幢来看，形制似与塔略近。关于这两个幢和国内其他幢的比较，刘敦桢教授曾有论述：“初唐盛唐间，义净访印与金刚不空东来后，密宗始盛行中土，于是经幢随之而兴。现存最古之幢，为唐天宝四年（745）王袭綎及妻严十五所建四川阆中铁塔寺之铁幢。下部仅饰仰莲一周，即立八棱幢身、铸陀罗尼经文，上部以叠涩与枭混曲线，向外挑出，再向内收进，冠以宝珠，其形制简浩雄健，得未曾有。而铭文谓'敬造此塔，供奉万代'，知当时幢亦称塔。铁塔寺之名，由此而生。其次为河南滑县旧城隍庙庋藏之唐太和六年（832）经幢，形状大体相类。迨大中以后，下施须弥座，上加华盖，幢之形体，乃渐趋华丽。而惠力寺二幢建于咸通间，视大中诸作，又更进一步。五代以降，华盖增至数层，并刻城郭与释迦游四门睹生老病死事迹。至北宋经幢规模，愈趋愈大，而以景佑五年（1038）所建河北赵县经幢为唯一巨作。河北行唐县封崇寺经幢次之。再次为山西应县净土寺经幢，及昆明地藏庵大理国袁豆光所建之幢，而后者以佛像为主，经文为辅，虽所镌皆大日如来佛，未出密宗轨范，究非一般所有。元代以后，此制渐成尾声，但四川新都县宝光寺有明永乐十年（1412）所建经幢一基，形状反与唐幢接近，殆可推为后劲。以上诸例，未被《支那佛教史迹》与其他中外著作所著录。"这一段话，使我们对经幢的历史有了更清晰的认识。

在我们测毕二经幢后，又发现紫薇桥的栏板雕刻甚古朴有致，但桥已是清式环洞，石望柱抽换新的甚多。据《硖川续志》卷五云："［通志］……元大德七年（1303）建紫薇山前寺桥也，雍正八年里人修，嘉庆元年释乘车改建环桥。"与同志卷三惠力寺山门条："［硖川图志］面临市河元大德七年重建……乾隆八年火毁……又于山门外重建环桥。"又复相符，这旧栏板大约是元大德间的遗物。

这次调查，同行的有戴复东、李正之两位出力甚多，并承蒋仲青、谷裕两先生招待和借用硖石仅存的一部《硖川续志》，使我们解决了许多问题；镇公所方面的热心协助，也都是使我们工作能得到收获的重要原因。

这两个经幢经过这次的调查实测后，已引起当地群众的注意，而地方有关机关对这千年前遗留下来的古代文物也开始重视与保护。

宣城广教寺双塔鉴定

编者按：原题为《宣城广教寺双塔鉴定书》

宣城广教寺双塔，余草拟鉴定书如后：

广教寺（院）双塔位于安徽宣城县北敬亭山南麓，新筑铁路沿线，为今日宣城风景区所在。据清嘉庆《宁国府志》（宣城清代为宁国府治所在）：

广教寺在城北五里敬亭山南，唐大中己巳（宣宗三年，849）刺史裴休建佛殿。前有千佛阁、慈氏阁……宋太宗赐御书百二十卷，僧惟真建阁贮藏，郝允李建观音殿，并梅尧臣记。元末尽毁。明洪武初僧创庵故址。辛未（明太祖洪武二十四年，1391年）立为丛林。……今古寺虽墟，两浮屠犹峙于山门前，土人亦名双塔寺，今大殿又废，存石佛殿二进且就圮。（乾隆志）

据此，广教寺始建于唐代，至清乾隆间几已全毁，仅存双塔与石佛殿，如今石佛殿也早无存。余等于大殿殿基后捡得宋瓦若干，而以重唇滴水二块形制精美，此种滴水今遗物甚少，可珍也。

双塔平面四方形，东塔略大于西塔（东塔每边2.65米，西塔每边2.35米）。七层。计残高20米余。四面辟门，在底层，东塔东面与西塔西面不设门。内部每层置木楼板。中空，无塔心柱及其他饰物。案今日已知宋代双塔宝物中，似此种尚沿唐塔四方形平面者，似仅此一例。

双塔外观挺秀，轮廓略具抛物线，饶宋塔应有之风貌。塔为砖塔半木檐，每层设腰檐平座。外观方木构形式，柱、枋、斗拱皆反映出宋代建筑之特征。各层原有半木制腰檐，今残甚，但尚存若干角梁及铺作出跳华拱等木制

1

1 宣城广教寺双塔（视觉中国供图）

原材，为今日修缮中之重要依据。塔每面以间柱划分三间，中置圆拱门，转角圆形角柱有卷杀与侧脚。栏额上置补间铺作一朵，出华拱一跳，而二层于补间铺作二侧正中出二心柱，犹存唐制遗意。角柱上置转角铺作。各层檐部以叠涩砖及菱角牙子砖并辅以斗拱承托出檐，其上平座用叠涩砖砌成。塔之顶部今皆圮损。据清嘉庆《宁国府志》载《敬亭山图》所示，知当时已成今状。案：宋塔常例，此塔之顶应系四角攒尖，上有刹干及塔饰，其刹干应自六层开始，下置木过梁承托，今亦不存。由于塔顶早毁，故影响塔之安危甚巨。

此塔内部面积较小，各层之间似以简单之木扶梯上下，两塔之二层东西壁上，分别砌宋儒生苏轼（东坡）书《观自在菩萨如意陀罗尼经》刻石，石作横长方形，正书。东塔一石剥蚀较甚。西塔一石外缘增饰砖框。塔壁内置有木骨，灰缝为石灰和黄泥浆。塔身结构尚属完好，唯东塔顶部似有裂缝，其上部向西北微有倾侧。西塔之西北面，由于自然侵蚀，壁面剥落较严重。

建造年代，从二塔之平面、外观、结构及细部手法而言，殆为宋塔无疑。据清嘉庆《宁国府志》载，广教寺宋太宗曾赐御书，梅尧臣为记。梅字圣俞，北宋宣城人，为著名之诗人，著有《宛陵集》。则该寺在北宋时卓有声誉。今两塔所嵌苏轼书刻石，其款均署："元丰四年二月二十七日责授黄州团练副使眉阳苏轼书以赠宣城广教院模上人。"元丰四年（宋神宗，1081）苏轼书《观自在菩萨如意陀罗尼经》赠广教寺大和尚，此墨迹遂藏寺中。复据西刻石跋"绍圣三年六月旦日宛陵乾明寺楞严讲院童行徐怀义摹刊，普劝众生，同增善果"。则知越十四年至绍圣三年（哲宗，1096）乾明寺楞严讲院徐怀义摹刻

2

2 宣城广教寺双塔局部（视觉中国供图）

上石，分别置于东西塔上。此事与塔之兴建具有密切关系。佛书云：“佛告天帝，若人能书写此陀罗尼，安高幢上，或安高山，或安楼上，乃至安置窣堵波（塔）中……”“于四衢道造窣堵波，安置陀罗尼、合掌恭敬……”等所记，而此二塔形制较小，又位于广教寺山门口，用以藏陀罗尼经，其含义与佛书所示一致。复就塔内外壁剥落粉刷处，呈露部分，砖之尺寸虽非一致，要之皆为原砌，其构成之形制与结构亦皆属宋式。故在未发现其他记年之前，初步鉴定北宋绍圣三年（1096）为广教寺双塔建造年代。

寺殿篇

苏州罗汉院正殿遗址

载《同济大学学报》1957年第2期

1954年冬，江苏省文物管理委员会与苏州市园林古迹修整委员会，以苏州罗汉院（俗称双塔寺）双塔的东塔塔刹倾侧，准备修整，邀我登塔勘查损坏情况，并提出修整计划。勘查其中我曾建议将双塔北面的罗汉院正殿遗址，刨除积土，加以清理，所留石刻于原址保存，此事果在修理工程中如期完成。今日我们能清晰地看到北宋所建双塔与正殿的确实关系了，这给我们在中国建筑史中提供了一份很宝贵的数据，至于罗汉院沿革及双塔建筑方面的详细考证，已见于刘敦桢教授《苏州古建筑调查记》的，兹不赘述。

正殿遗址：根据遗址旁新出土的南宋绍熙元年（1190）吴郡寿宁万岁禅院之记“国朝雍熙中，州民王文罕文安文胜重建殿宇及砖浮图两所”的记载及证以遗址平面的特征，柱及柱础的形式。其为北宋赵光义（太宗）太平兴国七年（982）所建，与双塔同时无疑[1]。殿址距双塔20公尺，南向，其中轴线视双塔略偏西，面阔五间，计18.20公尺，当心计6.30公尺，次间4.30公尺，梢间1.65公尺，进深计18.20公尺，与面阔相等，为正方形。自南往北，第一间计5.75公尺，第二间7.23公尺，第三间5.22公尺。在北面两侧梢间向后延长，形成凹字形，是否原来如此，还是重修时所增建，尚待考证。今以是殿所遗柱础排列而论，依辽与北宋之例推之，它的原来外观当为单檐歇山造。[2]

1 《中国营造学社汇刊》六卷三期刘敦桢《苏州古建筑调查记》：“塔之建立年代，除前述绍兴五年墨笔题字外，府志又有建于太宗雍熙中之纪载，然考太平兴国，共仅八年，其翌岁即为雍熙元年，距兴国七年。才及二载，意者双塔兴工于兴国七年，至雍熙初始告落成，而府志所述，乃其落成年月也。”从周案府志所述，与绍熙元年碑记相同，然仅言浮图，未及正殿。其说似据碑记。

2 《中国营造学社汇刊》六卷三期刘敦桢《苏州古建筑调查记》。

1

2

1 双塔寺大塔（一）

2 双塔寺大塔（二）

柱与柱础：现存皆石制，正面当心间二柱，平面圆形，高3.47公尺，外加上下榫，各5公分。镂刻莲蕖，宛转连续如卷草形状，间杂人物，当系北宋遗物[1]。八角形石柱五处，无雕刻，海棠纹石柱五处，柱身刻八瓣，其中有柱下另加雕花纹的这种柱以刻法浅而平，似系明嘉靖间马祖晓重修时所换的[2]。柱础今以位置而论，当心间缝柱础自南往北第一用覆盆础，雕卷草，础上施硕。第二第三第四皆素覆盆础，唯第四的础上用八边形硕。次间缝柱础自南往北，第一第二第三第四第五至第六皆用素覆盆，唯第六的础上用八边形硕。梢间缝柱础自南往北第一第二用覆盆础，雕卷草，础上施硕，第三第四用素复盆础，础上施八瓣形硕。其他有八边形硕及金山石（石产苏州金山）制硕，制作粗陋，当系明嘉靖后重修时所制。以上诸础最大者计方石每边130公分，最小者方石每边计72公分。

门限：正面当心间洵存石制门限，宽与当心间面阔相同，高50公分（当时露出地面约计40公分），门限之北遗有不完整的佛坛须弥座零件，其详细位置已难确定。

瓦当：此次清理，所得明清二代瓦当滴水甚多，然终不及过去我检得的北宋莲瓣瓦当为重要，此瓦当前年我在上海龙华塔修复时，即据此而重烧新的。其他较旧的尚有喜雀牡丹瓦当。

石罗汉：埋于殿址积土中的石罗汉十八尊，今已如数取出，系紫色花岗岩

1 《中国营造学社汇刊》六卷三期刘敦桢《苏州古建筑调查记》。

2 《中国营造学社汇刊》六卷三期刘敦桢《苏州古建筑调查记》。

3

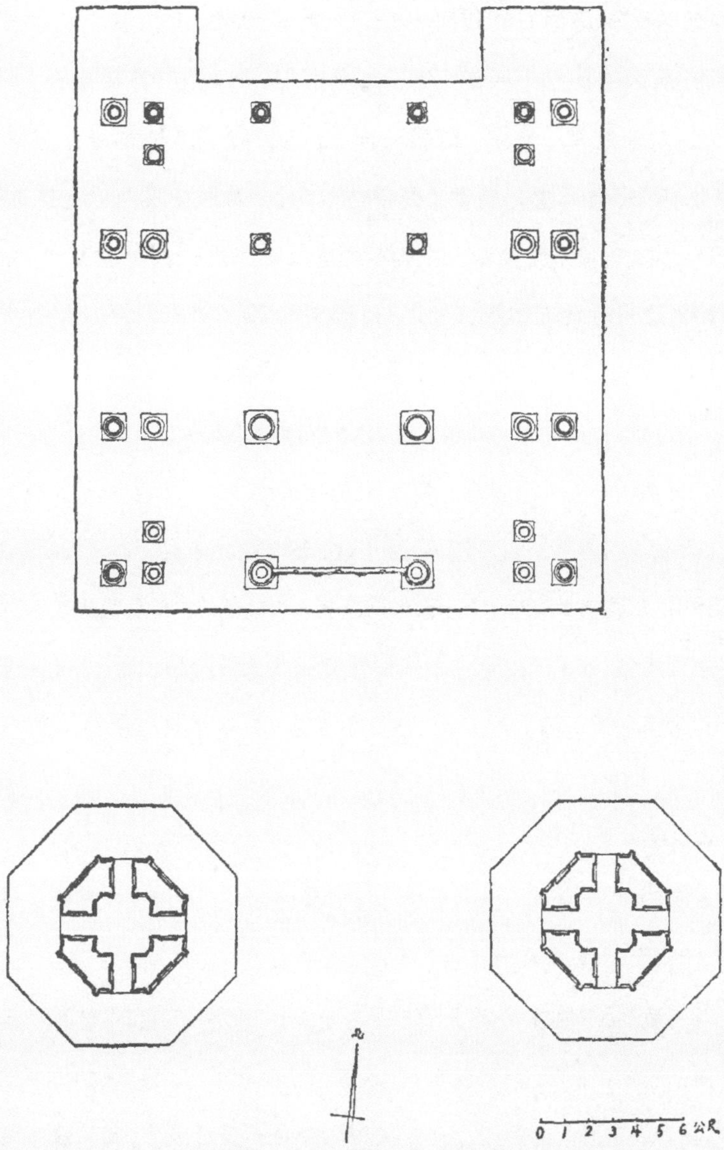

3 苏州罗汉院双塔及正殿遗址平面图

所刻，与佛坛须弥座的石料相同，因石质粗坚，施工不易，因此刀法平浅。今头部皆无，从残存的三个头部，及身部观察，头身系用石榫相接合。

碑记：南宋赵惇（光宗）绍熙元年（1190）所刻《吴郡寿宁万岁禅院之记》一碑，隶书，曾见清孙星衍《寰宇访碑录》，而未载民国《吴县志》，当已久不见于人间，是碑完整如新，对双塔建造及该院之兴废记载甚详，为中国建筑史的资料及当地地方重要文物之一。碑文如下：

吴郡寿宁万岁禅院之记

淳熙丙午冬十月既望，郡以是刹授妙思主之，于是谒王君祠，获瞻遗像，而推原所自则未之间焉。余虽不敏，谨采摭其事实而叙之，考诸图经，唐咸通中，州民盛楚始建是院子北苑东南，名曰般若，吴越钱氏改为罗汉院。国朝雍熙中，州民王文罕文安文胜重建殿宇及砖浮图两所，轮奂一新，至道改元太宗皇帝赐御书四十有八卷，寺僧遇兴申请于朝锡今额，翻黄尚存，年祀浸辽，字画皎然，及观王君遗文，仍有两别院，一曰藏院，一曰西方院，咸平中以藏院并于寿宁，迨天禧初锡名西方院以定慧为额，内藏御书，自始各开床牖，其常产皆王君施也。建炎罹回禄之祸，王君所遗存者唯砖浮图相对于煨烬之中，其有藉可纪者，负郭田五百八十四亩有畸，税堂仅八千丈，俱在葑门城隅，乡占东吴之上，先是寺址二千四百丈，宣和中比丘净芃准佛律作羯，磨成如金坔，绍兴以来，追还旧观，巨殿层塔，修廊峻宇，焕若自在天宫，回静人槃，香销呗绝，俗迹屏息庭户，翛然虽枕城市，而风味不减山林，真学佛者息肩之地。乾道庚寅，郡太守徐公喆，辟为十方禅林。命僧道永开山逮今想承不泯绝传，至妙思第十一代住持者也，追想咸通瓶寺，洎王君改建，皆有禅苑规度中为律居，江湖衲子莫不睥睨而惜之，今革禅林，若合符契，固宜体王君建置之意，转不退轮为未来际罪主植无尽福，同住比丘宁无念于此乎。余因志兴始末而传诸不朽云。时绍熙改元仲春旦日，当山住持传法蒙衲妙思记。郡人乡贡进士经炳文书，工张文伟造。

清乾隆二十二年（1757）刻观音阁碑记，行书。双塔寺印造藏经记碑行书。袁公词翰行书等碑都是该院重要文献，是值得保存的。

（1956年春写于同济大学建筑历史教研组）

角直保圣寺天王殿

载《文物参考资料》1955年第8期

保圣寺位于江苏吴县角直镇南，现存建筑物有：一、砖砌山门一间，建于清乾隆二十六年辛巳（1761）。二、大中八年（854）经幢（宋绍兴十五年岁次乙丑三月丙午朔十九日甲子戊辰时重立），原在山门内左首，现已移置旧大殿址前，即现在的角直古物陈列馆内。三、天王殿三间，单檐歇山造。四、古物陈列馆，1930年在正殿遗址上所建，以保存现存的塑像。现在天王殿与古物陈列馆之间，已成为东西要道，天王殿几成市集所在。另外尚存僧寮数间，甫里先生（唐诗人陆龟蒙）墓一座，余悉夷为平地，或建小学校舍球场，断垣颓壁间还可见到各种宋代柱础：如素覆盆、宝装铺地莲花、牡丹花、水浪、八边形等式样，可想见它盛时规模之大。现在圣保寺除塑像之外，较有价值的就要算这座木构的天王殿了。

天王殿南向，偏西十度，面阔三间，合计11公尺有奇，明间与次间比例约5∶3。进深二间，合计7公尺余。面阔与进深的比例约为5∶3。殿内原系方砖墁地，置天王像，今皆不存，浮土甚高，几乎与柱础平。

外貌：殿单檐歇山造，屋脊及起翘做法，皆当地通行手法。屋檐仅施椽子，计出檐深1.35公尺，至转角起翘处始如苏南建筑的所谓"立脚飞椽"，殆系清同治年间所重修。两山收山颇深，约收入一步架，较官式之建筑收入一檩径者为多，故山花略小，而屋角反翘自明间平柱渐渐开始，因此整个轮廓尚圆和玲珑。角柱微有"侧脚"，但无"升起"。现在装修，仅残存山面槛窗，亦是后来拼凑重修的。台基已为浮土所掩，阶条石仅西南角尚存数尺，其下檐出为0.96公尺。

1

2

3

1 保圣寺大殿

2 保圣寺神王门

3 保圣寺外门

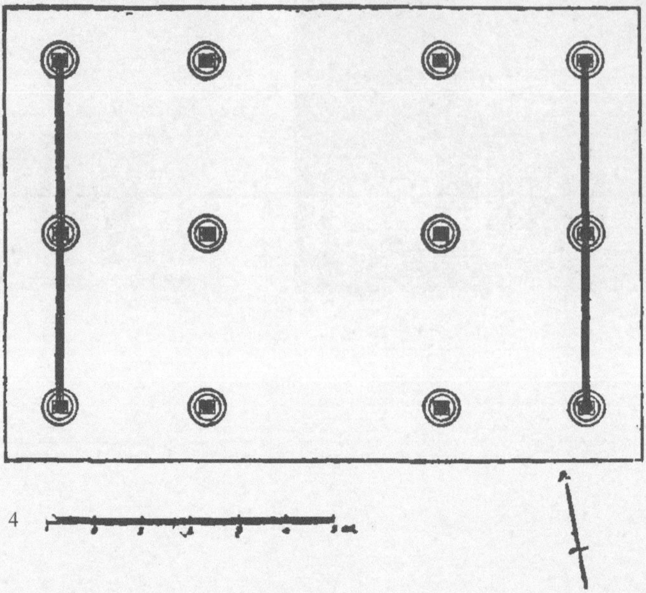

4

5

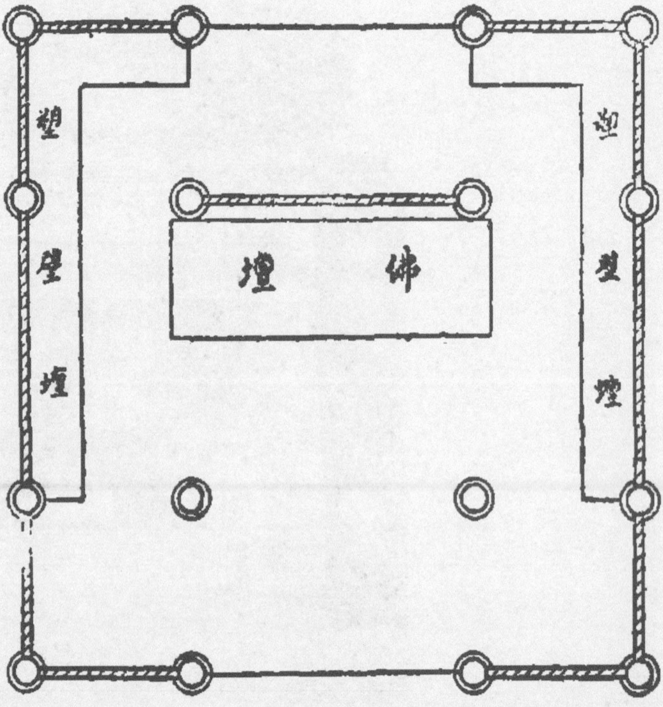

4 吴县角直保圣寺天王殿平面图

5 保圣寺大殿旧构平面图（摹自大村西崖塑壁残影）

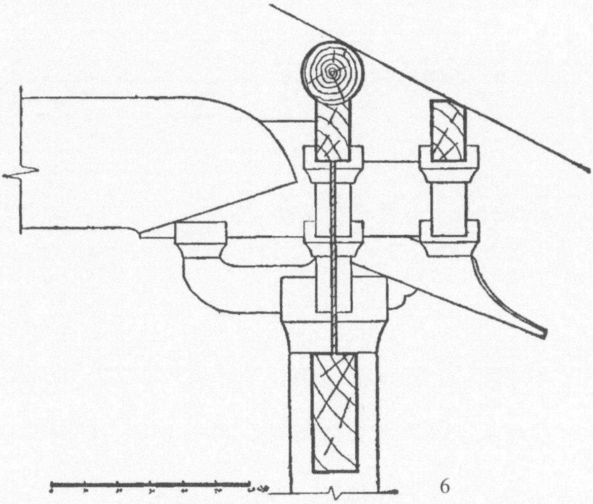

6

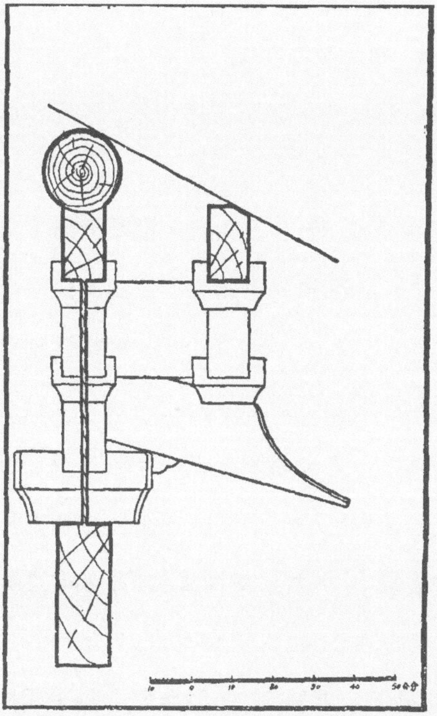

7

6 吴县角直保圣寺天王殿柱头科

7 吴县角直保圣寺天王殿平身科

柱与柱础：柱础作覆盆形，上刻牡丹花，极似法式“压地隐出牡丹花”与正殿金柱柱础相同，其为宋祥符间旧物无疑。础石每边长75公尺，覆盆直径70公分。现在各柱柱下墩接约50公分左右的石柱（礩），殆系后来重建时所施。檐柱自地面至额枋下皮计高3.14公尺，柱直径平均28公分。中柱直径为30公分，均视原来柱础小甚，足证此柱非祥符旧物。檐柱柱头征具“卷杀”，上施圆坐斗，比例甚高。在苏南古建筑中，除此寺正殿外，用圆坐斗者尚有上海明代重修真如寺的四金柱，及其附近第七街贻榖堂沈宅明建大厅，形式及柱头“卷杀”均与此殿相近，可证此殿为明重建。斗拱下无平板枋，额枋计高34.6公分，宽13.3公分，断面过于狭而高，因此坐斗斗底较额枋宽出很多。额枋出头刻作曲线，与苏州府文庙大成殿、洞庭东山杨湾庙相仿佛，都是元以后的手法了。

斗拱：平身科明间二攒，东西次间各一攒，现东首次间一攒昂嘴已不存在。山面自南往北，第一第二两间各一攒，各间攒挡略有参差。然以明间而论，攒档约合十五斗口，次间略小。材宽11.5公分，高16.2公分，用材已较元末苏州虎丘灵岩寺二山门为小。坐斗四角刻海棠曲线，垫拱板已全无。斗拱用“四铺作插昂”造，它与《营造法式》不同处，乃斗拱后尾无“华拱”，昂已形成并无结构作用的装饰品了。而昂下尚施直“华头子”，厢拱上托挑檐枋直接承椽，独存古制。以笔者所调查江浙古建筑中，此种形制尚属初见，其与灵岩寺二山门“不出昂而用挑干者”适成强烈的对比。但以权衡而论，已呈瘦弱现象，因此我认为它的建造年代是绝不能早于元末的。柱头科与平身科采用同

8

9

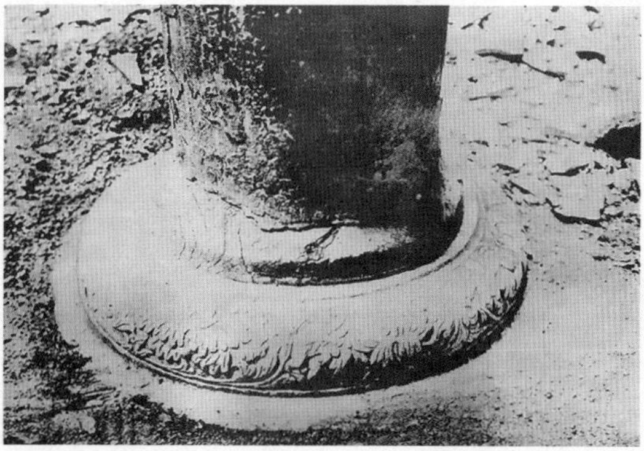

8 檐柱础石

9 金柱础石

10

11

12

10 大殿内构架（一）

11 大殿内构架（二）

12 大殿铺作

样比例，其结构系于坐斗口出一翘承载月梁。角科尚存“下昂”方法，坐斗后出一翘，置于“昂身”下，中间施以“靴楔”。手法看上去与苏州松江两地东岳庙正殿明构相近。

此殿进深七檩，系“彻上明造”，明间梁架施中柱，前后用三步梁，各梁皆斫切作月梁状，三步梁下承以雀替，其轮廓肥而且短，已不似同县玄墓山圣恩寺梵天阁明正统间的瘦长，如以雀替形式的发展而言，其年代亦应较前者为迟。三步梁上施驼峰，置“栌斗”“令拱”与替木，而不用“襻间”。其替木系自次间直通至明间，用意略似“阑额”下的“绰幕枋”，单步梁下则不用驼峰。东西次间梁，在顺梁上退入一步架处置坐斗瓜柱，施两山采步金枋及采步金檩，其上则为草架，现在北面下金檩已损坏，临时加了辅材承托着。此殿以整个建筑而论，其平面及建筑物高度，皆较灵岩寺二山门为大，然月梁断面仅为38公分，宽19.6公分，比例反减小，其建筑年代较迟又得一明证了。

建造年代：按《甫里志》“寺创于唐大中间（847—859），熙宁六年僧惟吉重修”，再证以大中一幢，则寺创于唐代当可无疑。而熙宁六年重建，应指今日已毁的正殿。明代归熙甫（有光）的《保胜寺安隐堂记》有“成化二十三年（朱见深（宪宗）1487）……里人陈氏子初为寺比丘，得请驰驿还省其母，因迎养于寺之爱日堂。明年从四明补陀归，是岁八月重修此寺，又明年五月落成，还京师，凡为殿堂七，廊庑六十”等语，其时修理范围甚大，故疑必涉及此殿。今日所存的柱与斗拱或系重建于此时，至于昂嘴等部分形制，多少尚存古意，此是受正殿形式的影响。梁架以上全系明末所建，与志书所云：“崇

13

14

15

13 角直保圣寺塑像（一）

14 角直保圣寺塑像（二）

15 壁上罗汉像

16 大殿屋里

16

祯庚午辛未间[明朱由检(思宗)崇祯三年(1630)四年(1631)]重修保胜寺……”一节相吻合。迨清奕订(文宗)咸丰十年(1860)太平天国战役又受损,不过部分甚小,当系屋面及若干装修部分,载淳(穆宗)同治间(1862—1874)又重修,于是形成今日的状况。

现在整个构架尚完整,仅屋面瓦饰装修山墙及部分檩子须加修理,因此吴县人民政府已准备将它略加修葺,利用为甪直文化站,并在招待各地人士来参观塑像时作临时休息室,诚一举两得之事。至于塑像相传为唐杨惠之塑,实多疑点,以管见所及证以山东长清县灵岩寺宋塑,及四川重庆北温泉宋摩崖,几如同出一臼,大约出于宋人之手,他日当再为文详论之。

保圣寺塑像之发现及保护经过

江苏吴县甪直保圣寺塑像之发现及保护经过，兹略述于后：甪直为吴县近昆山一水镇，多地主，镇中大小不等之地主计四百户（全镇计三千户），而尤以大地主沈伯安（长慰）、君宜（长吉）兄弟为一乡之最。沈伯安有女留学日本，习幼稚师范，沈将保圣寺之寺基筑小学及幼稚园，并最后拆毁宋构大殿，以其料修建其他及学校等之情。

顾颉刚翁于1925年（乙丑）在商务印书馆刊行之《小说月报》上刊登有关塑像之文，天津南开大学秘书陈彬龢函告日人大村西崖。大村乃东京美术学校教授，闻讯于1926年（丙寅）4月29日出发来华，5月2日抵上海，遂偕唐吉生（熊）摄影师等去甪直。调查摄影而归，著《塑壁残影》一书，甪直塑像之名，遂不胫而走，誉满海内外。大村复经苏州，曾登过云楼，访顾鹤逸丈，盖鹤逸丈为名画家，而过云楼之珍藏，当时几可驾著名博物馆之上，日文书籍中屡屡述及之。甪直之塑既为世所重，而沈伯安又数度摧残，另一当地人士金凤书者，则为塑像乞命，奔走殊力，叶遐庵（恭绰）、陈万里、蔡孑民（元培）、顾颉刚、马彝初（叙伦）、金凤书等组织委员会，力图保护之，为时已拖延三载，而北宋木构终于被拆，不及抢修。塑像塑壁，另由范文照设计一西室陈列馆（额系谭延闿书），就大殿原址建盖，塑像塑壁江小鹣主持，由滑田友复原安上，已拼凑而成，罗汉仅存其六。此陈列室原为平顶，漏水。1954年夏，江苏省文管会约余往甪直，遂建议改筑坡顶，今夏（1973）重见之，屋完固如新，甚以为慰。沈伯安宅为一镇冠，中西掺杂，豪华斗富，其窗扇及窗帘计五重。浴室内浴缸置二具，又于镇旁建钢筋混凝土瞭望塔。叶圣陶（绍钧）、王伯祥（钟麒）二翁皆苏州人，早年尝执教于甪直小学，叶翁初期小说以甪直为背景者甚多。

1

2

3

1 角直保圣寺塑像（一）

2 角直保圣寺塑像（二）

3 大殿本尊释迦如来塑像

江苏吴县古建筑——圣恩寺梵天阁调查记

载《同济大学学报》1957年第1期

江苏吴县的邓尉以梅花著称于世，新春苞放，宛若香雪，因此又名香雪海，为诗人画家所歌颂，已非一朝一夕，而玄墓山为群山中之主峰，以晋青州刺史郁泰玄葬此而得名，今墓在圣恩寺后。寺系依山而筑，与光福寺同为邓尉名刹，并称于吴中。自明代以后逐渐扩展为巨大丛林，到清初玄烨（康熙）南巡，曾“驻跸”于此，所以山前“官路”修整，梵宇俨然，当时规模犹存什九，现寺内明代遗构，尚留一二，清初建筑为数尤多，蔚为一整齐的建筑群。至于面临太湖，柔波万倾，背负苍山，与香雪千林争妍，特其余事了。

天寿圣恩寺建于唐天宝间（742—756）。宋宝佑中（1253—1258）又建圣恩禅庵。元季寺毁庵存。明初有万峰禅师者中兴此寺，到明季清初又大加扩充，遂成今日的规模。我们登钟楼望全寺建筑，依山傍岩，各随地势，长廊联贯，脉胳自存，在总体布置上，虽然采中轴线的办法，但又不拘于轴线而强作对称，主要还是利用地形，即明崇桢间计成所云“因地制宜”的办法，如此不但解决了施工的方便，亦减轻了人力与财力，是值得我们参考的。

从“官路”入山，经小溪，架石为梁，名香花桥，建于明朱祁镇（英宗）正统十四年（1449），左折到山门，面阔三间，单檐歇山造，系就金刚殿原址再建。其后天王殿面阔三间，大雄宝殿面阔五间，皆重檐歇山造。左右列伽蓝祖师二殿，均面阔三间单檐硬山造。钟楼立于山门的左面山麓上，高两层，为歇山式楼阁。以上诸构皆后代重建。唯大雄宝殿后面的梵天阁，又名毗卢阁，建于明朱祁镇（英宗）正统十年（1445）。再后为法堂、方丈，今俱废。法堂建于清福临（世祖）顺治五年（1648），现存坛墓雕刻[1]至精，其手法与玄烨“南巡”时所刻诸碑似出一臼，当是清初之物无疑。最后为御碑亭及郁泰玄墓真假山等。西路还元阁创于清福临（世祖）顺治五年（1648），今存者乃后重修，白衣阁建于明朱由检（思宗）崇祯十四年（1641）。库房米廪建于明崇祯四年（1631）。以建造年代言，其发展似自后及前。而结构式样则取自苏南楼厅建筑，自成一区。平面布局曲折而富变化，参用了不少居住建筑的设计手法；内部分间及院落大小，亦视实际需要与地形而决定，从这里我们可以看出日常居住的地方，与庄严肃穆的诵经处是有所不同的。这三处建筑中，还元阁上层供迎宾之用，下层为斋主供像及居住之处。白衣阁上层供观音，下层供祖师像及充作僧寮，库房米廪则为该寺办理事务的地方，所以在设计方面，宜有此种处理了。界于法堂与库房米廪间的为藏经阁，重檐硬山造。据民国十九年（1930）重刊本《邓尉山圣恩寺志》（以下凡称寺志皆同此本）建于清福临（世祖）顺治十年癸已（1653）十一月二十二日，乃诗人吴梅村（伟业）所建。今阁上层尚悬画家王时敏（清初画家四王之一）所书藏经阁匾额，其跋云：“大司成吴梅村母朱太淑人，法号本净，受菩萨戒，精研宗乘，捐赀建是阁成，属余书之并识岁月，时顺治丁酉（十四年即公元1657年）四月初八日也，偶谐居士王时敏敬题。”其旁尚有四宜堂及华严堂，皆新建。东路旧法堂亦系新建。至于寺志所记，今已不存者均不记入。

1 北京人民美术出版社 陈从周《江浙砖刻选集》。

平面：梵天阁南向，面阔七间约共计27公尺余。以各间此例而言，尽间较狭。东首的一间为安置扶梯之用，为求对称起见，西首不能不另加一间，这种平面似不及浙江宁波天一阁在西首尽间处加一间安置扶梯，来得妥善。进深显五间，约共计13公尺余。面阔与进深二者比例约为5∶2。

外观：此阁为重檐歇山造，台基明高89公分。阁分上下两层，翼角起翘及脊饰均为江南常状，系民国时所重修的。底层门窗已非旧观，原槅扇仅存一二。上层各窗置观门及障日版。东首扶梯间的屋顶较正屋略底，故左右立面未能对称，甚奇特。下檐四周施擎檐柱一周，置于台基的边缘上，因此影响了立面外观。

柱与柱础：柱为木制直柱，柱顶微具卷杀，下施古镜柱顶石，如北京官式建筑所用，为江南明清建筑中所罕见。即以清雍正间"勅间"的浙江天台山国清寺而论，其正路诸殿皆官式做法，独柱础仍是江南石鼓形式[1]。而此寺其

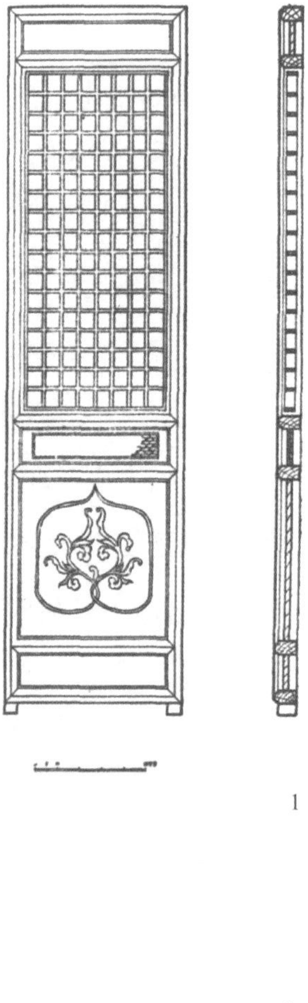

1

1 圣恩寺梵天阁旧有槅扇

1 浙江省文物管理委员会 陈从周 《浙江古建筑调查记略》。

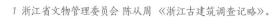

2

3

4

5

2 圣恩寺钟楼

3 圣恩寺梵天阁立面

4 圣恩寺梵天阁上层翼角

5 圣恩寺梵天阁

他诸殿亦与梵天阁不同，当不能以土地之卑湿高燥而遽论定，必然受了北方匠师手法的影响。至于柱的安排，在明间减去后部老檐柱两根，上层童柱置于柁梁的平盘斗上，以承托上檐。这样的减柱方法，与明朱见深（宪宗）成化十年（1474）所建苏州府文庙大成殿方法相同，不过后者是减去前部的，与此适为相反。虽然南方建筑在今日所见的遗构中，从南宋赵昚（孝宗）淳熙六年（1179）所建的苏州玄妙观三清殿开始，其平面已下启明清不减柱平面的先河[1]。但证以今日南方所见明构，仍不乏其例的。可见建筑还要从实际需要出发，不能囿以定法，此阁就是一个例子。在这点上，不能不说较北方官式建筑来得灵活。

斗拱：是阁斗拱下檐用一斗三升，正面与背面平身科明间用四攒，次间三攒，梢间二攒，尽间一攒。两山平身科自南往北，第一第二与第四第五四间各一攒，唯第三间距离较大用四攒。上檐斗拱用三踩单昂，正面与背面平身科数目与下檐相同，唯东首尽间因屋面低小，故未使用。山面仅三间，其斗拱数目与下层第二、三、四，三间数目相同。昂下水平部分隐出“华头子”，后尾则出二拽架以承托天花，但天花在民国重修时拆去了。斗拱下平板枋薄而宽，高15公分，宽29公分。额枋狭而高，宽25公分，高55公分，尚保存着旧做法。而北京明正统八年（1443）所建智化寺如来殿万佛阁已开清代做法的先河[2]，将额枋断面加宽，平板枋的断面也缩狭而加厚了。可是江南到清代尚有保留

1 中国营造学社汇刊第六卷三期 刘敦桢《苏州古建筑调查记》。

2 中国营造学社汇刊第三卷三期 刘敦桢《北平智寺如来殿调查记》。

6

7

8

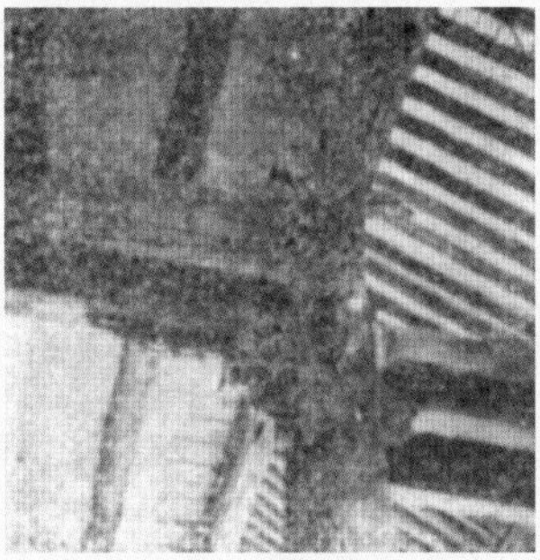

9

10

11

6 圣恩寺梵天阁上层斗拱后尾（一） 7 圣恩寺梵天阁上层斗拱后尾（二） 8 圣恩寺梵天阁底层梁架

9 圣恩寺梵天阁底层雀替 10 圣恩寺柱础 11 圣恩寺梵天阁观音像

旧法，原因还是江南斗拱数目不及北方官式从密，比例亦较大，运用颇自由，斗拱下面什九只用檐枋一层，建造者可视需要灵活应用[1]，由此可见民间建筑从不为固定法式所阻止，相反地在原有基础上推进。正如宋代《梦溪笔谈》所记："近岁土木之工，盖为严善，旧木经多不用。"足见工程技术随着社会发展，不断进步，今日欲拿来《营造法式》与清《工程做法》来给我们设计做蓝本，如起古人于九原，亦当哑然失笑。历史的证例是教人掌握发展规律向前看，而不是泥古开倒车，在此昭然若鉴了。至于用材，是阁柱头科平身科略大，显然与柱础一样，受了北方官式影响。

梁架结构：下檐檐柱高4.08公尺，金柱高6.02公尺。下檐前后金柱间施"丁头拱"与麻叶云，其前端承托挑尖梁，该梁砍杀作月梁形，后端承托大柁。大柁计分上下二层，中置圆形宝瓶，其形式甚精致，与山东曲阜孔庙金丝堂相仿佛。大柁上施楞木及楼板。大柁的尺寸，下层宽22公分，高48公分。上层宽27.5公分，高61公分。宝瓶高21公分，其直径介于上下大柁宽度之间。雀替的轮廓颇秀挺，宛然明代式样，但详部结构有二种：一种是柱上施"丁头

1 从周案：苏南斗拱（牌科）尺寸计分"四六""五七""八六""一七"等种，所谓"四六"意即座斗宽六寸高四寸，"五七"座斗宽七寸高五寸，"八六"座斗宽八寸高六寸，"一七"座斗宽一尺高七寸。平身科的攒（座）数系视房屋开间大小而定，如开间一丈，檐柱柱径八寸，平身科二攒，用"四六"的；开间一丈二尺，檐柱柱径一尺，平身科二攒，用"五七"的；开间一丈四尺，檐柱柱径一尺一寸，平身科四攒，用"八六"的；开间一丈八尺，檐柱柱径一尺二寸，平月科六攒，用"一七"的；开间二丈，檐柱柱径一尺六寸，平身科六攒，用"一七"的，或双"四六"的。如果开间比标准规定尺寸略有大小时，则正心爪拱（下拱）与正心万拱（上拱）可以根据开间而自由伸缩。至于庙宇，斗拱攒数可用单数的，称冲天牌科。

拱”，拱头用斜撑，上端置三幅云与雀替相交。这种办法，我们在附近洞庭东西二山的明代祠庙与住宅的大门上还能见到，可见是当时的一种流行手法；另一种则在柱上出麻叶头上叠放“丁头拱”，拱上置麻叶云与雀替相交。这阁可以注意的，大木结构遒劲有力，仿佛北方明中叶前的建筑，然而细部手法，如线脚之柔和，构图之蕴藉，砍杀之浩净，都是北方建筑所没有的。上层梁架全系民国时所换，只余后部挑尖梁及挑尖随梁枋尚是旧物。更有最奇的，要算三架梁上居然用了极瘦弱的“叉手”，可能原来亦有此制，重修时匠人不知其作用，依样画葫芦地徒存形式而已。

建造年代：据寺志云：“毗卢阁亦名梵天阁，在大殿后，正统十年乙丑（1445）六月经持道清鼎建。”又据阁的后檐下正统十二年碑记：“……实正统八年也，时主持虚席，适巡抚工部侍郎庐陵周忱举碧潭师以莅其任，师尤能砥砺加勉，增建毗庐阁，天王殿，香花石桥。”则阁之建造与巡抚周忱有关。案《明史·列传》，周忱于正统五年以工部右侍郎巡抚江南，在任中的情况，《明史》称：“久之见财赋充溢，益务广大，修葺廨舍学校，先贤祠墓，桥梁道路，及崇饰寺观。”[1]今日苏州城外正统十一年（1446）所建五十三孔的宝带桥[2]，亦出周忱之手。那时朱祁镇已开始信任太监王振，政治经济逐渐走向下坡，上距朱元璋开国已七十多年，朱棣北迁亦二十多年，连年灾荒，江南财赋到了“豪户不肯加耗，并征之细民，民贫逃亡，而税额盈缺”。“忱在任江

1 《明史》卷一百五十三。

2 民国《吴县志卷》二十五 明陈循重建宝带桥记 钱锺毅 陈从周 王绍贤《苏州宝带桥》。

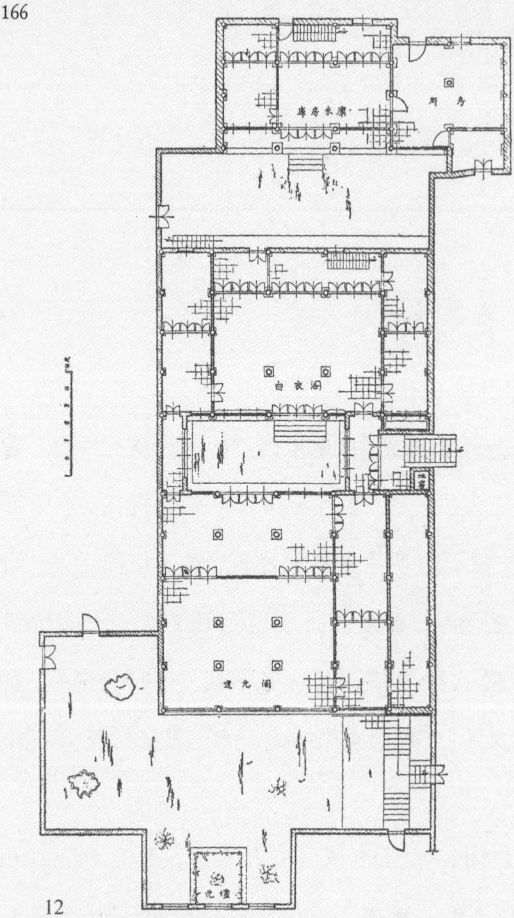

12

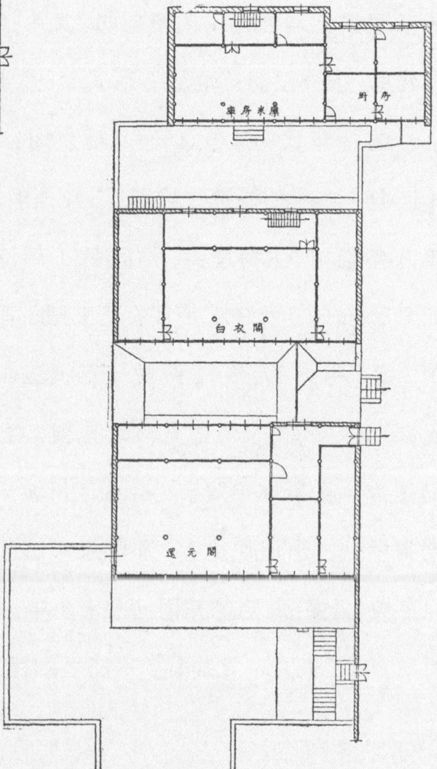

13

12 江苏吴县圣恩寺西路还元阁白衣阁库房米廪底面平面图

13 二层平面图

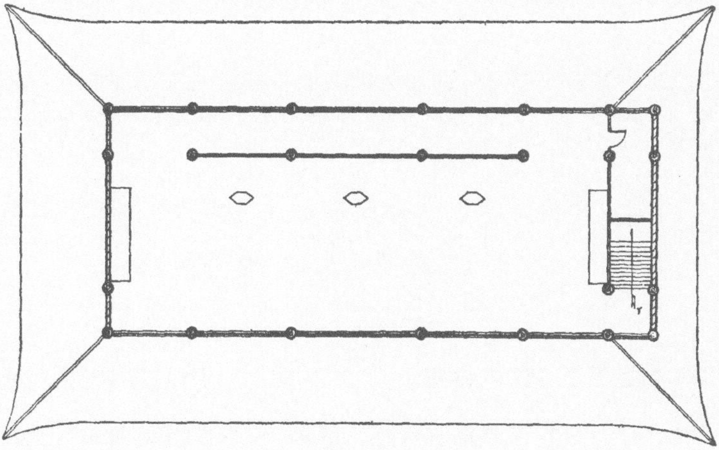

14

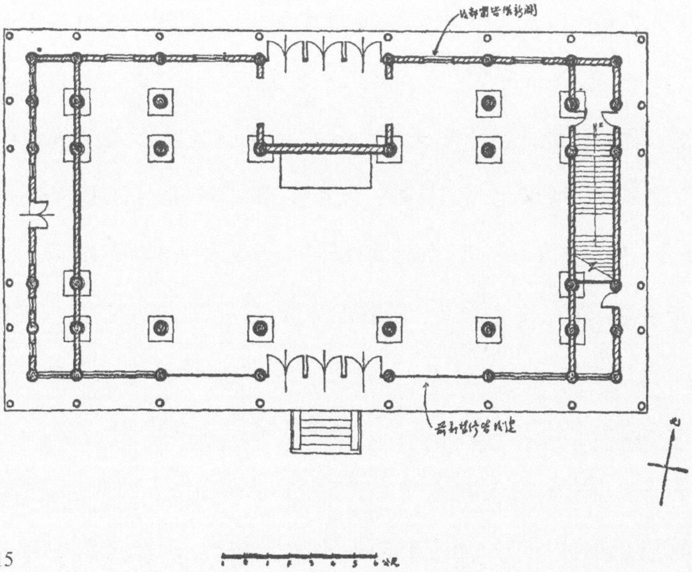

15

14 江苏吴县圣恩寺梵天阁二层平面图

15 江苏吴县圣恩寺梵天阁底层平面图

南数大郡，小民不知凶荒，而税未尝逋负，忱之力也。”[1]于是才有一些经济力量来做些建设事业，另一方面建修佛寺用以麻痹人心，替统治阶级行些所谓“仁政”。则建造此阁，未始无因的。又案周忱于朱瞻基（宣宗）宣德十年（1435）在工部侍郎任中修建曲阜孔庙金丝堂，即裴侃碑记所云“捐己俸资”而成的。今日从梵天阁的大木及细部如柁下的宝瓶，相似处甚多，与该庙明朱祐樘（孝宗）弘治十七年（1504）所建诗礼堂梁架亦有近似处。而与雍正七年所建启圣嗣梁架迥然不同，疑金丝堂亦为周忱所建，雍正间予以重修的。盖清胤禛（世宗）雍正二年（1724）衍圣公孔传铎疏虽云：“沿烧……启圣王旧祠金丝堂等处。”[2]恐未必全部焚却，所以雍正八年孔庙全部工竣，无只字提及了。因述及周忱，附记于此。至于梵天阁为什么有许多北方官式建筑的手法呢？因为明初征南匠，营造南北二京宫殿，朱祁镇即位时，北京三殿尚未竣工。据《英宗实录》：“正统五年三月戊申，建奉天华盖谨身三殿，乾清坤宁二宫……初太宗皇帝营建宫阙，衔多未备，三殿成而复灾，以奉天为正朝，至是修造之，发是役工匠操练军七万人兴工。”复“据明会典所载轮班匠人数。凡十二万九千九百八十三名，此乃各色人匠之总数（轮班匠凡六十色），分一年以至五年，轮班一次，其中木匠人数最多，有三万三千九百二十八名，系五年一班……”[3]，则营建此阁的匠人，必有轮班后而返吴中的，可能无形中带了

1 《明史》卷一百五十三。

2 《中国营造学社汇刊》第六卷一期 梁思成《曲阜孔庙之建筑及其修葺计划》。

3 《中国营造学社汇刊》第五卷一期 单士元《明代营造史料》。

若干北方的手法来。综上所述，我们可以知道周忱建阁于明朱祁镇（英宗）正统八年（1443）。竣工于正统十年（1445），到正统十二年（1447）才由住持道清立碑，通议大夫礼部侍郎王一宁撰记。其后据寺志：“崇祯（朱由检思宗）七年（1634）甲戌十一月住持法藏重修上层，清顺治（福临世祖）十三年（1656）冬住持弘壁又修下层。民国十年（1921）至十七年（1928）又重修，其主要部分当系上层梁架与屋面装修等。上层佛像虽成于明朱翊钧（神宗）万历七年（1579）及十二年（1584），但经后世重修。下层所供自在观音亦明塑经清重修的。”

1954 年 2 月调查

1956 年 3 月写成

扬州大明寺

载《文物》1963年第9期

法净寺为扬州著名丛林之一，古名“大明寺”，又称栖灵寺，创建于南北朝刘宋孝武帝时。孝武以大明纪年，遂以大明颜其额。隋炀帝时亦称“西寺”，因其行宫居于寺之东。清康熙“南巡”时，改名“法净寺”。唐代赴日传播文化的鉴真和尚，就是在这里接受日僧的邀请而东渡出海的。

唐代的大明寺早毁，明万历间扬州知府吴秀重建，崇祯十二年（1639）巡漕御史杨仁愿重修。清顺治时赵有成、雍正时汪应庚等又两次修建。1853年左右毁。迨清同治中，两淮盐运使方濬颐重建。1934年又重修。

寺东原有塔。隋仁寿元年（601）建，九层，颇负盛名，李白、高适、刘长卿、刘禹锡、白居易等都来攀登过。唐会昌三年（843）火焚。宋景德元年（1004）可政和尚重建，又圮，可证前者应为木塔，后者则为砖塔。

从曲折的瘦西湖，一直延伸到蜀冈南麓的“平山堂”坞，经登山御道抵寺。山门额为“敕建法净寺”，计三间单檐硬山造。前有一牌楼，正面题“栖灵遗址”，另一面题“丰乐名区”，姚煌书。石狮一对，刻法工整，为清帝“南巡”时之物。山门东壁上嵌配以王澍书“天下第五泉”五字。大殿面阔三间带周廊，重檐歇山造，前后附加硬山披廊。其后原有万佛楼、方丈等建筑，现都不存。殿东，前通“文章奥区”额一门，达平远楼。《扬州画舫录》卷十六云：“最上者高寺一层，最下者矮寺一层，其第二层与寺平，故又谓之平楼。”今楼虽为清同治间重建，而制度仍依旧。其底层后尚有暗室，从外面不能察。楼前有院，其东隅尚存清道光“御笔”“印心石屋”四字横形巨碑。楼东即瘦西湖二十四景中的“双峰云栈”“蜀冈晚眺”与“万松叠翠”。清方濬颐有联云：“三

1

1 平山堂　法净寺　大雄殿

2 平山堂门

3 平山堂内部

4 欧阳修像

2

3

4

级曩增高，两点金焦，助起怀前吟兴；双峰今耸秀，万株松栝，涌来槛外涛声。”今游客登楼，便能有此感觉。楼后有厅三间，前施抱厦，曾移“晴空阁”一额于此。再后为报本堂（曾额“四松草堂”）。报本堂东为悟轩，原多牡丹，故曾移额“洛春”张之。诸堂前皆点石栽花，而蕉丛尤为胜色。是区北之余地，疑即栖灵塔故址，鉴真和尚纪念馆建造于此。馆为梁思成所设计，仿日本唐招提寺，纪念碑据唐式，额系郭沫若同志题，记由中国佛教协会赵朴初会长撰书。余皆参与其事。

从法净寺大殿西转，通过有“仙人旧馆”额的一门，即抵堂前，是法净寺的一部分。此堂为宋庆历八年（1048）欧阳修任扬州太守时创建，坐此堂中，望隔江诸山，似皆与此堂平列，故名平山堂。嘉祐八年（1063）、淳熙间及嘉定三年（1210）等重修。明万历间及清康熙十二年（1673）亦有修建，至乾隆元年（1736）又重建，1853年毁。同治中方濬颐重建。此堂于清康熙元年（1662）并入寺。

堂系面阔五间，深三间敞口厅，其前有台，殆即“行春台”旧址。有古藤一架，杂以芭蕉丛竹，配置颇称雅秀。台下幽篁古木之外，远帆闲云出没于旷空有无之间，江南诸峰拱揖槛前。有联云：“晓起凭阑，六代青山都到眼；晚来把酒，二分明月正当头。”极妙。

堂后为谷林堂三间，取意于东坡诗“深谷下窈窕，高林合扶苏”句。后为六一祠，亦称欧阳祠，清光绪五年（1879）两淮盐运使欧阳正墉重建，系面阔五间带周廊的单檐歇山式。中置神龛，龛中欧阳修石刻像，利用反光作用，远看白须，近看黑须，艺术评价甚高，并有李公度撰文一碑记其事。堂前假山一丘，玉兰古柏数干，春时花影扶疏。南向通月门为西园，即“御苑”所在，乾隆十六年（1751）汪应庚所筑，多古木幽篁，大池辅以黄石山，极起伏深邃之致。所谓“天下第五泉”，其说纷纭，现一在池中，一在岸上。池中一口，上有王澍所书“天下第五泉”横额。清乾隆汪应庚凿池时所得，后于其上复井亭。岸上一口系明僧沧溟所发现；嘉庆中巡盐御史徐九皋为书“第五泉”三大字，刻石立于泉侧。西园原有北楼、荷厅、观瀑亭、梅厅等诸胜。今岸上之五泉亭、御碑亭、四方亭等，均已次第修复。

1963 年

扬州伊斯兰教建筑

载《文物》1973年第4期

扬州自隋唐以来是我国对外交通的枢纽，阿拉伯人经内陆或泛海而来到其地的络绎不绝，他们留下了许多伊斯兰教的遗迹。普哈丁墓园及仙鹤寺不但是著名的宗教历史遗迹，同时也是我国历史上民族文化交流的一个重要标志。

普哈丁墓园位于江苏扬州市东关城外运河东岸的土岗上。岗上葱郁的古木与参差的亭阁相掩映，望之蔚然如画。它点缀在运河的沿岸，舟行其下，十分令人注目。其间除伊斯兰教寺宇建筑外，主要的是宋代阿拉伯人普哈丁墓、撒敢达墓，元代阿拉伯人墓碑，明代阿拉伯人马哈谟德墓、法纳墓等。明清两代扬州伊斯兰教著名阿訇亦丛葬于此。

墓园建筑计分两部分：寺宇位于西面平地，墓域在东部岗上。今人通名为“回回堂”。大门西向临运河，门额上书“西域先贤普哈丁之墓”。右转为清真寺，有礼拜殿与浴室（水房），建于清代中叶。大门直入有平整的甬道，拾级而上便到墓域，门额题“天方矩矱”。其左有北轩三间，后带抱厦一间，迎面东榭亦三间，榭旁列对亭，北亭东墙嵌“先贤历史记略碑”。过此亭为法纳墓，墓亭门额上书“‘宋德祐元年（1275）西域’至圣一十六世后裔‘大先贤普哈丁’宋景延（炎）三年（1278）西域‘先贤撒敢达’明成化元年（1465）西域‘先贤马哈谟德’明成化五年（1469）西域先贤‘展马陆丁’明弘治十一年（1498）‘先贤法纳’乾隆丙申（1776）桂月重建”。经法纳墓亭向北至普哈丁墓亭，与前者皆平面方形砖拱球顶（拱拜尔），上盖四角拈尖瓦顶，亭四出辟拱门，墓复以矩形石筑墓塔，周刻阿拉伯文《可兰经》及缠枝花图案（图1）。

墓亭南墙外壁东侧嵌有清雍正四年（1726）石碑，文为“宋德祐元年（1275）七月二十三日归顺‘西域得道先贤普哈丁之墓’”。墓亭中悬阿拉伯文方匾。案《江都县续志》卷十三：“普哈丁西域人，奉回教。宋德祐元年（1275）自天津（从周案或说山东济宁）买舟至扬州，……及晓呼之不应，溘然逝矣。检身畔得遗书一纸，及致运使某公者，已自择定葬地。某公与为旧好，如其言葬之，俗呼‘回回坟’。其后附葬者四，一为撒敢达，宋人；一为马哈谟德，一为展谟鲁丁，一为法纳，皆明人。”普哈丁为穆罕默德十六世裔孙，宋咸淳间（1265—1274）在扬州传教，德祐元年（1275）并于城内太平桥汶河东岸建仙鹤寺。它与广州怀圣寺（光塔寺）、泉州麒麟寺、杭州凤凰寺齐名。同为我国伊斯兰教著名的清真寺。

普哈丁墓西尚有一墓亭，因无文字可考稽，不能确定为何人之墓。但据墓亭砖拱球顶结构，及墓塔石刻证之，其与法纳墓极相似，疑为明展马陆丁、马哈谟德二人之墓。至于宋撒敢达墓则无法证得。与北轩相对为王鉴墓亭。据墓塔上记：“陕西西安府长安县明故客商王鉴于弘治拾肆年（1501）闰七月初四日故世，男王济孙王栋立”所示，知为明王鉴之墓。诸墓亭顶部及壁面皆抹白灰，其砖砌无法辨清，但从砖壁厚度及顶四角叠涩菱角牙子砖大小与两种不同的砌法比较，普哈丁墓亭应早于其他二墓。而墓塔之雕刻亦宋明手法各异。

王鉴墓东为对亭之南亭，门墙两旁配以阿拉伯文对联，亭西壁嵌有清光绪二十六年（1900）七月“重修先贤普哈丁墓”碑一方。南向门首亦有阿拉伯文书额。亭南即为明清以来扬州伊斯兰教阿訇的墓园了。

1

1 普哈丁墓　2 普哈丁墓园剖面图

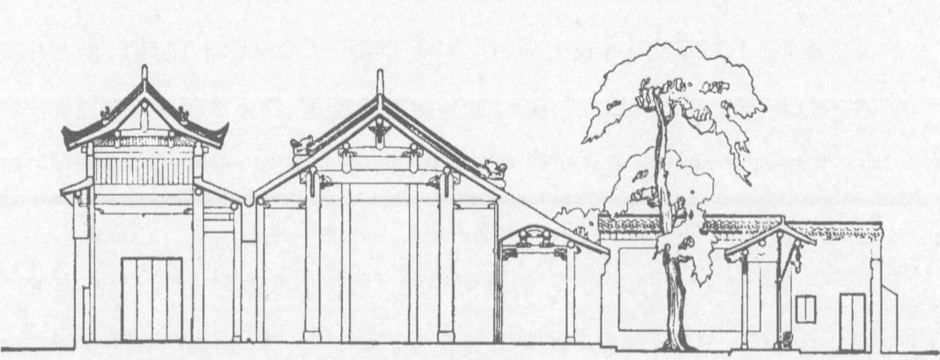

2

3

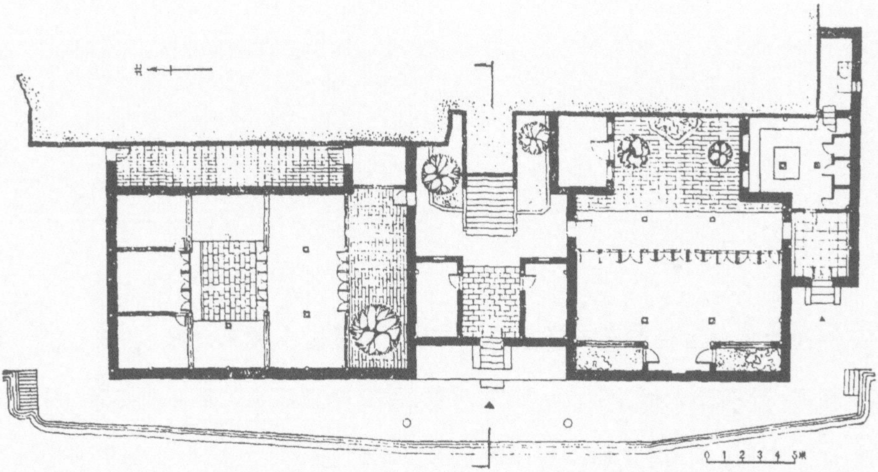

4

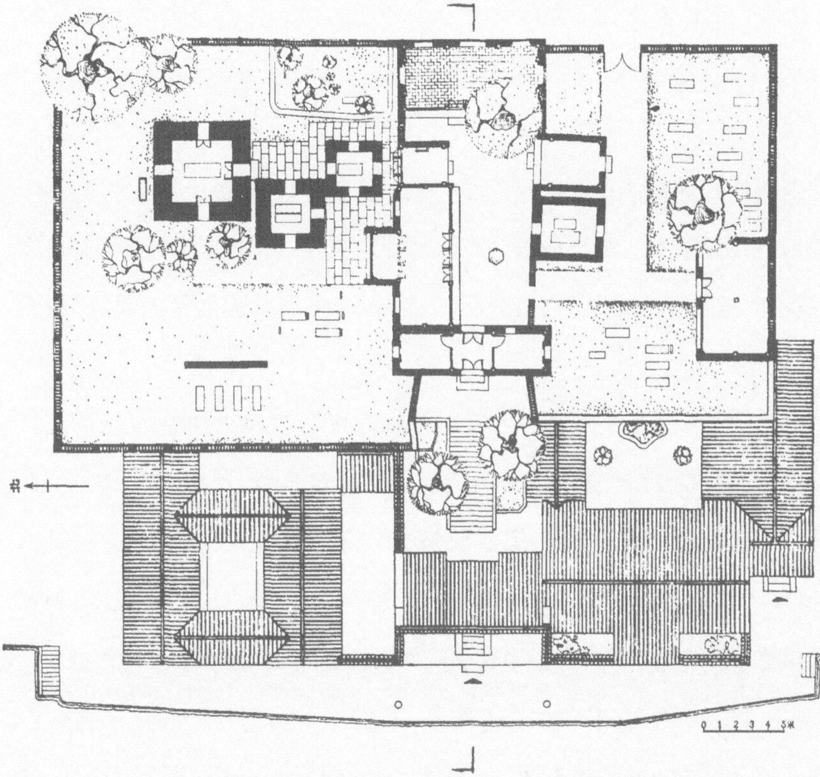

3 扬州普哈丁墓园底层平面图

4 扬州普哈丁墓园二层平面图

元阿拉伯人捏古伯等墓碑及墓塔诸石刻，今置于墓域西北部，与普哈丁墓东西相对，计四通八面，碑文以汉文、阿拉伯文间杂波斯文刻成，类皆《可兰经》上之章节（参见《文物参考资料》1957年9期朱江：《扬州仙鹤寺阿拉伯人墓碑记》）。案诸碑所记均宋末元初来我国传教或经商卒葬扬州的阿拉伯人，其有姓氏可考的为捏古伯、撒穆逊丁、撒穆邦乃基、尔略丁、尔伊赛哈同（女）与其父勒尊丁等。

在建筑手法处理上，此墓域利用原有土阜，在巨大的银杏树间参差错落地置以墓亭，配以轩榭，绿化与建筑物组合得非常妥帖有致，既充满着伊斯兰教的宗教气氛，又具有中国地方风格的特色。这种利用庭院式的墓域布置，可说是一种打破传统手法的新处理（图2、图3、图4）。至于在墓域东北角的一株银杏，围过合抱，虬枝纷披，其树龄可能与普哈丁墓同时。北轩前一株银杏亦亭亭如盖，浓荫散绿，树龄也已不小了。这些古木至今保护完好，它们是扬州市最古的巨树了。

仙鹤寺是在扬州市城内太平桥汶河东岸的伊斯兰教礼拜寺，《维扬志》载南宋德祐元年（1275）创建，明洪武重建，嘉靖重修。《江都县续志》卷十二曾载："清真寺在南门大街，宋西域普哈丁建。"寺东向，大门内为院落，有玉带墙横列其前，倚墙有银杏一株，大逾围合，东南角建一小客座，南首入门，东为浴室（水房），西为宿舍，中以小院间隔，北转经甬道，正对阿訇居所，向西经垂花门达礼拜殿。殿前为一大院落，殿面阔五间，进深三间，带卷棚前廊。后部（神龛所在）亦面阔五间，唯梢间略小，进深则一间（图5、图6）。在明间复增二金柱。南北两侧称南窑北窑。殿外观为单檐硬山造。但其后部则为重檐歇山造，二顶形成勾连搭，因此侧背二立面看去很多变化。殿南侧为明月亭（望月亭），亭前院落置花坛，满栽牡丹芍药。西偏新厅三间与南窑并列。院南度月门有南向老厅三间，西附“下房”一间，东径小门为宿舍，亦自成一院。

礼拜殿内铺木地板，大木结构除前廊卷棚上部施草架，皆露明造，与当地寺院构架无二。老厅为苏南式厅堂建筑，当出苏州香山匠师之手。以建筑时代论，前者据梁架及细部手法，证以乾隆四十年（1775）制的，雍正八年（1730）“上谕”匾额之雕饰，似建于清初。后者依柱础形制及大木构架与细部手法而论，应早于礼拜殿，其时代应为明末。大门额枋下的替木及斗拱部分座斗施雕刻，华丽工整，疑为明代手法。抱鼓石二，刻植物花纹，左右各异，精细平整，当属明代遗物（图7）。礼拜殿内的宣谕台，楠木制，其上置八角亭一座，用来藏《可兰经》。斗拱比例大，制作精细，玩其细部，亦为明代遗物。

毛主席教导说：“人民，只有人民，才是创造世界历史的动力。”我国古代劳动人民与阿拉伯民族在扬州伊斯兰教建筑上，做出了卓越的贡献。扬州伊斯兰建筑在南方伊斯兰教建筑中，有其一定的地位。在平面布置以及建筑手法的处理上，除按照宗教上规定的要求外，更有许多灵活的地方风格特色存在，它在吸收外来文化与结合地方特点上是有所得的。对于研究我国伊斯兰教建筑与中国建筑史来说，不失为重要实物之一。

（本文测绘图系同济大学建筑系同学1961年在扬州实习时所绘）

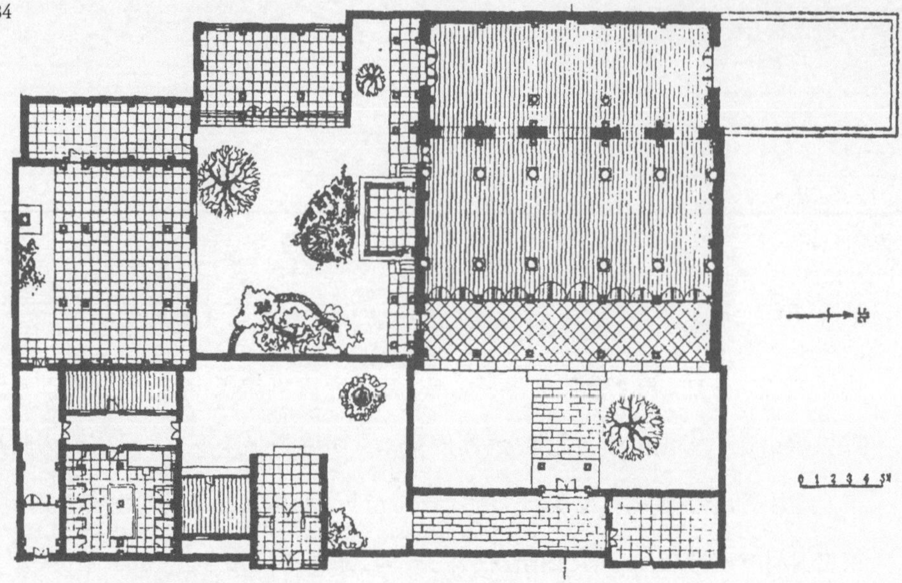

5

6

5 扬州仙鹤寺平面图

6 扬州仙鹤寺剖面图

7

7 仙鹤寺抱鼓石

8 仙鹤寺（视觉中国供图）

8

浙江武义县延福寺元构大殿

载《文物》1966年第4期

浙江武义县延福寺大殿是江南已发现的元代建筑中建造年代最早的，结构亦最完整的，是研究宋到明建筑发展过渡的实例。同时它与北方的元代建筑又有若干不同的地方，保存了比元代更老的做法。我们这次调查，将确实的建筑年代找了出来，大殿乃建于元延祐四年（1317）。

延福寺在浙江武义县桃溪（陶村）。桃溪原属宣平县。今宣平与武义并县，合称武义县。据“元泰定甲子（元年，1324）刘演重修延福院记”碑作丽水应和乡下库源、知元时为丽水所辖。寺在旧宣平县北二十五里山麓。其地峰环涧绕。晋天福二年（937）僧宗一建。唐天成二年（927）寺名曰福田，宋绍熙甲午（案绍熙无甲午，疑淳熙甲午［元年，1174］或绍熙甲寅［五年，1194］之误）改名延福，赐紫宜教大师守一拓其旧而新之。元延祐四年丁巳（1317）德环重建，并置田山立碑。明正统年间僧文碧涧清重修。清康熙九年（1670）僧照应重建观音阁西廊，僧通茂等屡修整大殿，创兴天王宝殿并两廊厢屋二十一间，装塑天王像四身。道光十八年（1838）住持僧汉书重建山门，同治四年（1865）住持僧妙显重修之，光绪丁未（1907）僧心浩又重修。以上是据《宣平县志》、“元泰定元年重修延福院记碑”、明天顺七年陶孟端延福寺重修记碑等所述寺史。

寺南向，今存山门三间，入内天王殿三间，单檐硬山造。其内置弥勒佛，左右分置四大金刚。天王殿后为大殿五间，重檐歇山式。其前方池一泓，甚清冽，殿两侧有门可导之后部。殿之北檐下立“明天顺七年（1463）陶孟端延福寺重修记”一碑。最后为观音堂七间，堂前左右列小池各一，中三间为主体，

1

2

1 延福寺大殿后视

2 延福寺元代大殿全貌

3

4

3 延福寺大殿上层斗拱

4 延福寺大殿转角铺作

5 延福寺大殿内全景

5

旁各两间中置夹楼。东西为厢楼，西首者毁三间。

大殿面阔五间，通面阔为11.8米，进深相同，平面成正方形。但当心间为4.6米，次间1.95米，梢间1.65米，次梢两间之宽度相加，尚小于当心间。自南往北第一间1.6米，第二间2.9米，第三间3.7米，第四间2米，第五间1.6米。台基低矮，院落皆以大卵石墁地，是就地取材应用的，很是经济。水沟亦以卵石叠砌，这是乡间常用的办法。殿内四金柱间置佛坛，还沿用唐宋以来佛坛在小殿配置的方法，唯平面由方形已作冂形。坛中置本尊，左右为二弟子及四供养人。塑像虽经后世重修，尚未全失初态。在首梢间置“元泰定元年刘演重修延福院记”碑，其碑阴刻“延福常住田山”总目。笔法秀润，出段鹏翼之手。案唐宋小殿，平面类作正方形，江南元构小殿仍沿袭其制，如金华天宁寺延祐五年（1318）建正殿，上海真如寺延祐七年（1320）建正殿莫不如此。今日所呈外观为重檐九脊（歇山）式，两山出际甚深，瓯瓦无脊饰，不施飞椽，起翘自当心间平柱开始，颇显圆和之状。在正脊的两头于脊墣之上再加生头木，则过去尚具微翘。然按今日殿内柱的形制，在重檐下的外檐檐柱，均是后易，不作梭柱形，柱顶什九无卷杀，即有一二处有之，亦仅在柱顶前后砍杀，为明代后因陋就简的办法。斗拱用材不统一，下檐小于上檐，从手法上看去，下檐的时代亦较晚，其后尾令拱上的素枋在下缘刻作曲线，形状更为特出。栌斗四角尚存有刻海棠曲线者，有两种不同的刻法，其一线脚柔和，另一潦草僵直，论时间显然前者早于后者。在正面檐柱上檐由额三分之二高处有高7厘米，宽16厘米的榫眼。下檐乳栿虽仍作月梁形，但用材粗糙，砍杀亦欠工整。

上下檐阑额之出头亦不一致，上檐的略作曲线形，犹多明代以前的遗意。而下檐的则伸出特长，雕刻稚俚，则其时期先后不同可知。下檐檐椽与阑额之交接处无椽椀，且其分位已在阑额之顶端，今建筑不施博脊，而瓪瓦已及栌斗底，如果再加上博脊的话，则上下檐之间局促之状不言可喻了。这些都明白地启示了下檐为后来重加的根据。它与余姚保国寺、金华天宁寺、上海真如寺等诸宋元殿同出一辙。成为江南小殿复加重檐的惯例。根据檐柱上今存之榫眼位置推测，似当时正面有一雨搭，仿佛山西赵城广胜下寺天王殿或芮城永乐宫壁画所示者，虽广胜下寺山门疑为后改，但此种形式在宋元时已流行了。故此殿原来应是面阔三间，进深亦三间，面合计8.5米，进深计8.6米，形成进深略大于面阔的正方形。证以余姚保国寺宋大中祥符六年（1013）建大雄宝殿，其面阔为11.9米，进深为13.95米亦是这样。此种宋元小殿，为了增加金柱前“膜拜”之地较宽裕而如此处理。延福寺大殿虽进深较面阔仅长90厘米，但后将佛坛平面改为冂形，实同样为解决此种需要而作。根据斗拱乳栿等的做法，下檐殆明代天顺时修理所加，与金华天宁寺明正统年间所加重檐时期相近。其所以如此做，目的在于扩大殿内空间，与保护殿身木架结构。

柱础计有两种形式，正面当心间檐柱下施雕宝相花覆盆柱础，刀法精深。上加石碛，此为江南元代建筑习见的做法。其在正面檐柱的与江苏南通天宁寺大殿宋础位置相同（南通天宁寺的次间亦施雕刻），用以特出主要入口，其余的皆为碛形柱础。用料除下檐檐柱间有黄石者外，皆青石制。柱除下檐的外，俱作棱柱，曲线柔和，尤以金柱为佳。柱身中段直径与柱高比例约为

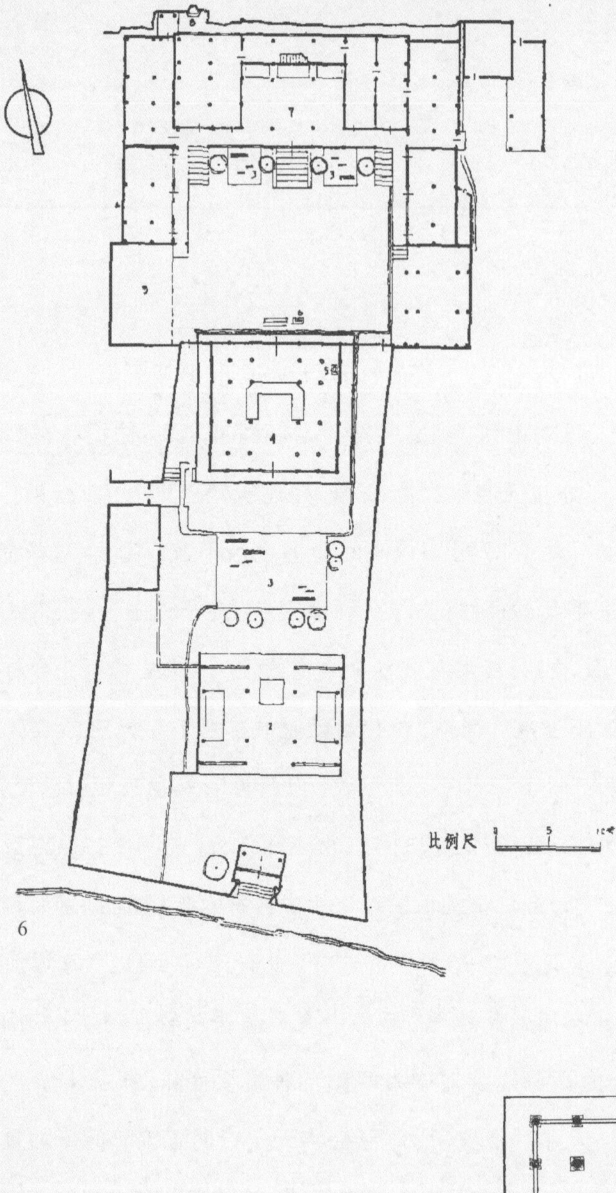

6

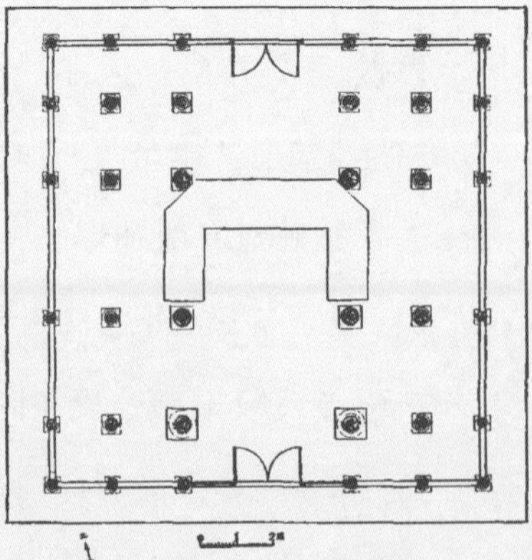

7

6 延福寺平面实测图

7 延福寺大殿平面实测图

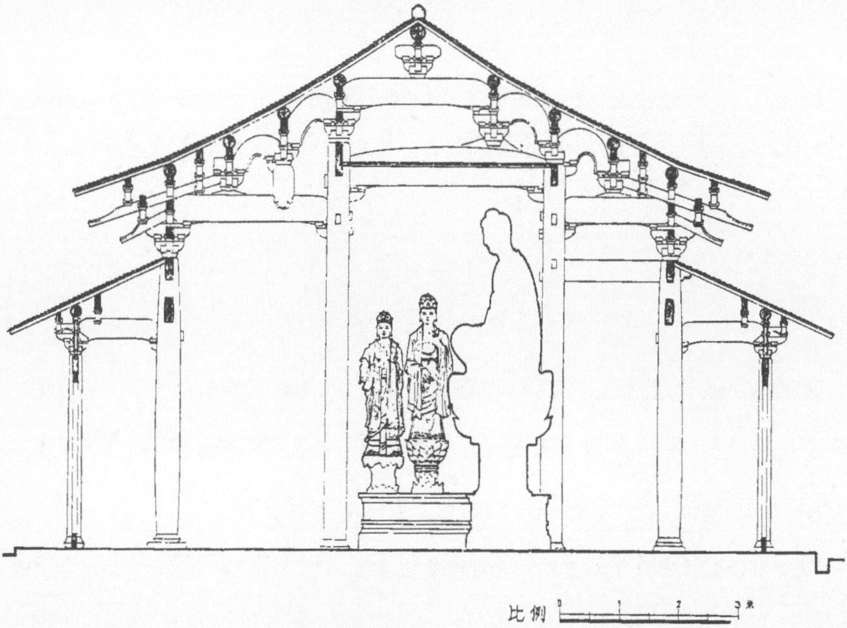

8

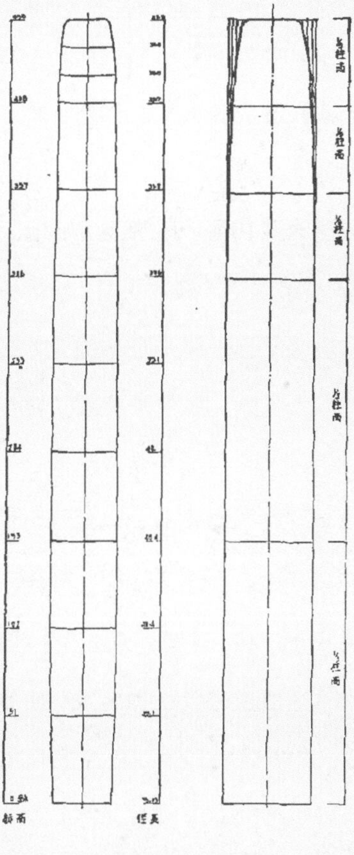

9

8 延福寺大殿横剖面图

9 梭柱

1∶10。最耐人寻味的是柱上下两段均有收分，是名副其实的梭柱，此《营造法式》所说自柱之上段三分之一开始者，挺秀多了。金柱顶施圆栌斗，皆与上海真如寺相同。而南通天宁寺则易为铁制的，其时间可能稍晚。

斗拱补间铺作当心间三朵，次梢间各一朵。山面自南往北第一、二、四皆一朵，第三间三朵。其配置方法在当心间较宋已增多一朵。与金华天宁寺正殿相同。但苏州虎丘云岩寺元至元四年（1338）所建二山门，当心间仍用二朵，可见江南一隅，地隔数百里，其变化尚有先后。阑额下施由额，上无普柏枋，此种不施普柏枋的做法，在江南元结构建筑中还是普遍的。上檐斗拱，栌斗宽30厘米，耳高8厘米，平高3厘米，䫜高8厘米。交互斗宽16厘米，耳高3.5厘米，平高2.5厘米，欹高3.5厘米。材为15.5厘米×10厘米，栔为6厘米。系六铺作单抄双下昂，单拱造，第一跳华拱偷心，第二、三跳为下昂，每昂头各施单拱素枋，昂面作人字形，下端特大，第二层昂不出自第一层昂头。交互斗以与瓜子拱相交，而出自瓜子拱上之齐心斗。第二层昂头亦仅施今拱，耍头与衬枋头皆略去。在柱头中线上利用单拱素枋二层重叠，后尾华拱两跳偷心，上出靴楔以承昂尾。昂尾皆不平行，故其下层昂尾托于上层昂尾之中段，在其上施重拱。柱头铺作则仅上层昂尾挑起，其下层分位乃为乳栿所占，下檐斗拱，材为11.5厘米×6.5厘米，栔为5厘米，用材小于上檐，五铺作双抄单拱偷心造，后尾则双抄偷心。斗拱虽上下檐卷杀极相似，然究不及上檐老成，且后尾华拱上之素枋，雕刻已趋繁琐，近晚期做法，疑是明代作品，又经清代重修的。

10 延福寺大殿里转二层转角斗拱

11 延福寺大殿里转铺作层

10

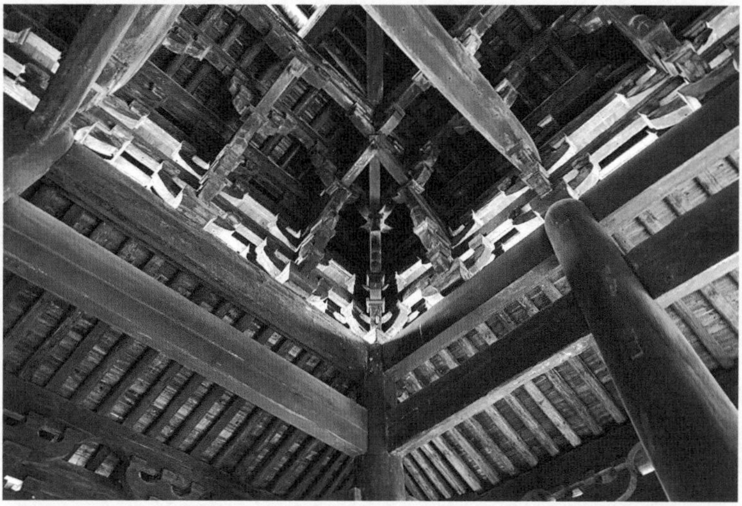

11

12

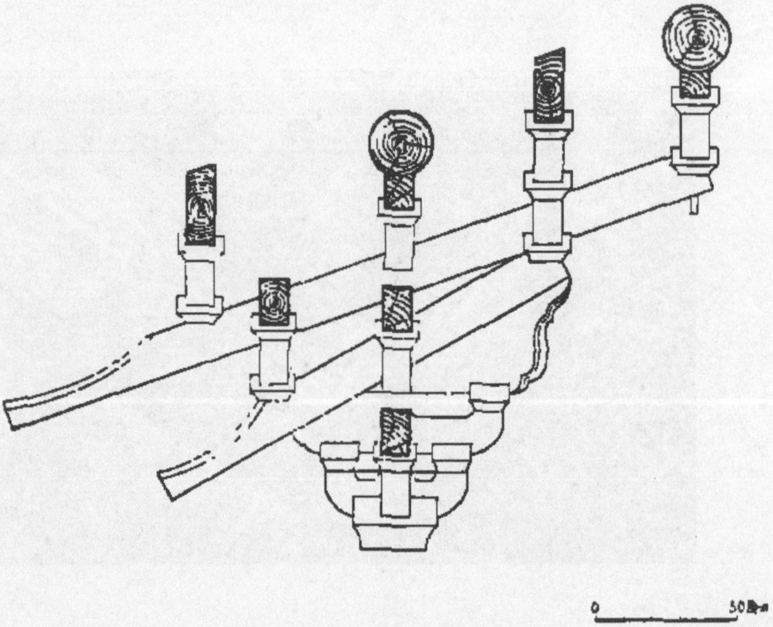

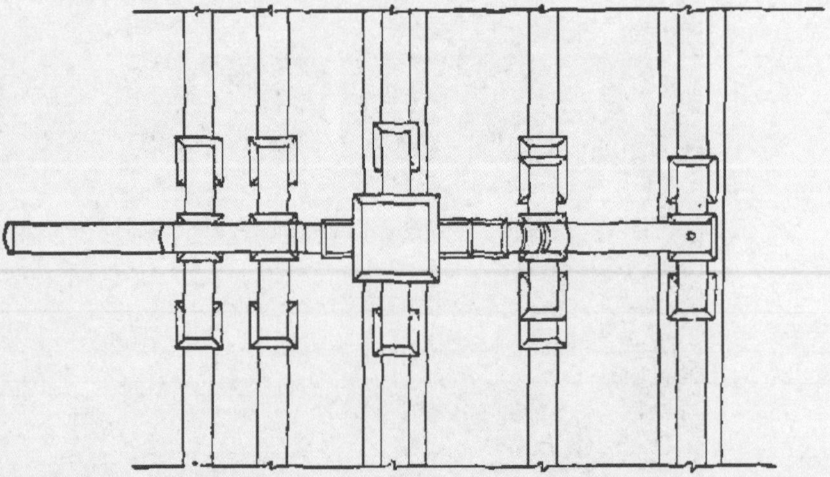

12 延福寺斗拱实测图

13 金华天宁寺斗拱实测图

13

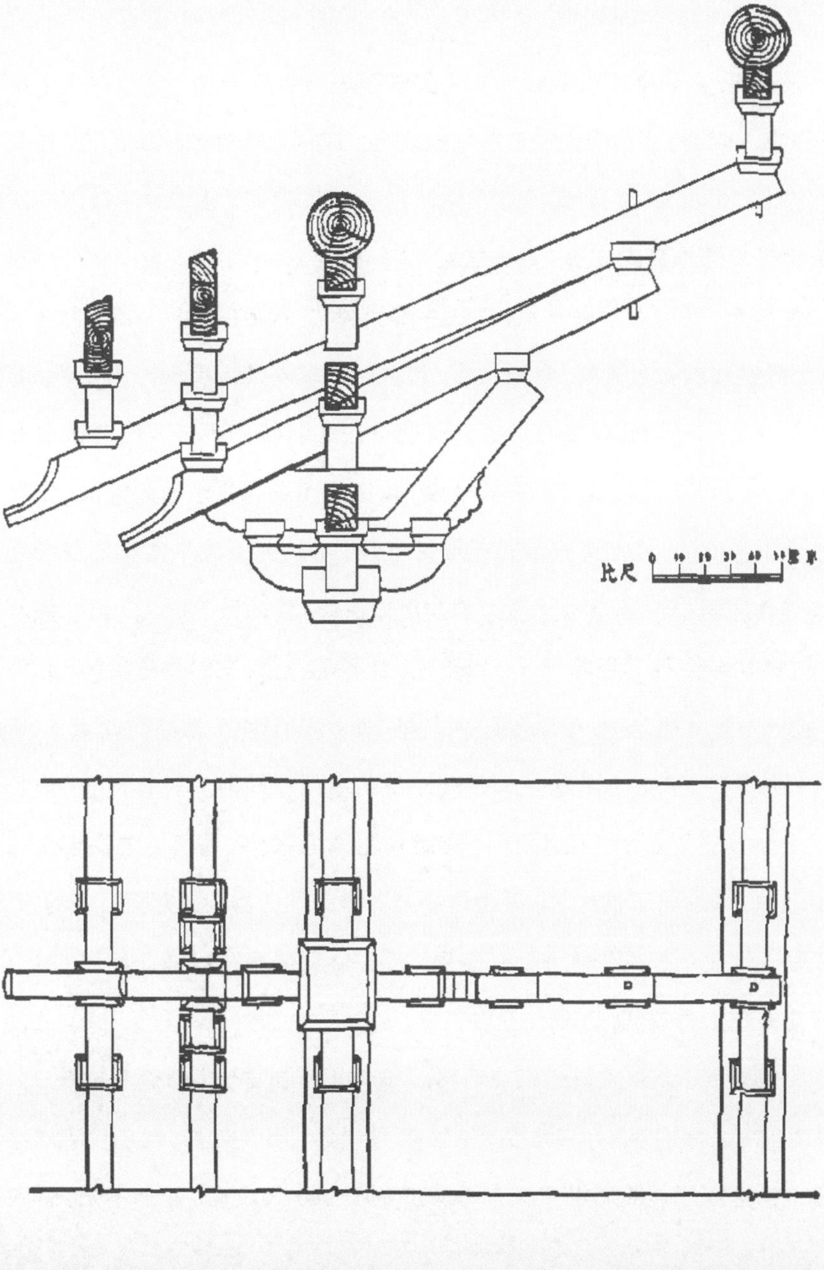

此殿进深以椽计为八架椽，如以重檐部分前后各一架计入，则为十架椽。原系彻上明造，当心间正中于清乾隆九年（1744）修佛像时加天花，粉底彩绘，作团龙及写生花。梁架于当心间缝三椽栿架在前后金柱间，其上平梁则一头置于三椽栿背上斗拱，另一端架于前金柱柱头铺作上。皆于栌斗中出华拱二跳承托，平梁上不用侏儒柱，梁中部置栌斗，前后出华拱一跳，上施替木，似为丁头抹额拱之遗制，唯无叉手。其左右之瓜子拱慢拱承襻间脊榑。此部分结构在重修时当已略有所变动了。《营造法式》卷三十一："四架椽屋分心用三柱"及《园冶》卷一："小五架梁式"两图之主要构造法与此略似，尤以元明建筑中为多见，直到明末清初还屡见不鲜。不过此殿在平梁梁头底与金柱柱头铺作之间，加弓形月梁一道，其作用如劄牵，其法系于栌斗间出一跳承托之。前檐柱与金柱间用乳栿，上施蜀柱，柱作瓜柱形，下刻作鹰嘴状，此种做法，在已知的古建筑中，当以此殿为最早（金华天宁寺正殿亦作此状）。蜀柱前后再加劄牵。金柱与后檐柱间用乳栿及劄牵做法相同。劄牵皆作弓形月梁，栿上斗拱底置替木，两肩斜削，存简单驼峰之意，次间两山檐柱与金柱间梁架做法亦如此。下檐结构，系在檐柱与下檐二柱间施"挑尖梁"，颇类明以后做法。此殿梁栿的形式皆为月梁形。而整个梁架之所以如此配置，在于使佛坛前有较大的空间，并求屋脊在正中。

据元泰定甲子刘演重修延福院记碑："泰定甲子初吉皆山师德环过余曰：吾先太祖曰：公因旧谋新，四敞是备，独正殿岿然，计可支久，故不改观，岁月悠浸，遽复颓圮。先师祖梁慨然嘱永广孙曰：殿大役也，舍是不先，吾则

14

14 延福寺大殿彩绘天花板

不武，用率尔众，一乃心力，广其故基，新其遗址，意气所感，里人和甫郑君亦乐助焉。□□丁巳空翔地涌，粲然复兴，继承规禁，以时会堂，梵呗清樾，铙磬间作，无有高下，酿为醇风，方来衲子，无食息之所者，咸归焉。”这段碑文，详述了殿的兴建经过。丁巳应是延祐四年（1317），这是明确的建殿年代，它比金华天宁寺正殿尚早一年。明天顺七年陶孟端《延福寺重修记》：“正统年间，……官兵往复，毁宇为薪，存者无几。迨靖复业，文碧（涧清）等睹法界之残，悉意生殖，数年之间，诸工施作，群废具举，图绘殿壁，修创廊庙。”以今日该寺之建筑而论，除大殿外，余皆后建。大殿应是正统年间所毁幸存的建筑。在东次间乳栿下有“康熙五十四年（1715）菊月重修僧普惠通德谨题”墨笔题记，此栿两头之卷杀，视旧者为圆削可证。在当心间上檐阑额下有“大清雍正拾三年（1735）前僧师父普惠派下住持通茂□□同修葺大殿，重建山门……”等语，则知清康熙、雍正两朝迭经修葺过的。

其他题记尚有三椽栿下“……龙华宗风益根”（左）“天子万年膺虎拜化日舒长”（右）。内额下“伏承陶协应□壬兴浦宅……壹岸陶伟树……学士舍杉木柱并杉木□厚伍学士□同妻”字迹墨书，四周略施浅刻，当心间东缝后金柱与檐柱间之札牵下有“元（？）墨里人工夫起”等字二行。而西缝同位乳栿下有“王均福……郑……务舍柱”等墨书，其上劄牵底亦留字残迹，字痕略高于木面。装修佛像题记有“今将释伽如来更衣乐助（名单略）乾隆三拾七年（1772）橘月本山比丘湛圣仝徒两房众立”之记一额。天王殿佛座后有砖刻题“乾隆戊辰（十三年，1748年）春月吉旦立……”则与正殿之佛座砖刻为清乾隆间之物相符，又“今将释伽如来四大金刚应新重更衣（名单略）皇清道光十九年（1839）荔月”。此皆有年月可稽之有关题记。正殿后之观音堂脊檩下有“大清光绪三十一年（1905）岁次乙巳桂月中浣谷旦延福寺云楼派师父景顺命徒住持僧心浩捐资重建谨记”。则为晚清所建，是全寺最后期之建筑了。

大殿内有宋代铜钟一，据元泰定甲子刘演《重修延福院记》碑，知“栖钟有楼”，今楼亡而钟移置于此，题记：“处州丽水县应和乡延福院，……时宝祐乙卯腊月……，铸匠碧湖柳德清。”乙卯为宝祐三年（1255），从这里发现了这位被埋没了的宋代铸钟匠师。又证桃溪于宋时属处州丽水县。观音堂前有小石刻狮一对，古朴生动，以形态刀法而论，似元以前之物。

调查同行者有浙江省文物管理委员会和同济大学有关同志，一并记此。

1963 年 10 月写成于同济大学

1965 年 11 月修改

金华天宁寺元代正殿

载《文物参考资料》1954年第12期

1954年7月间，我应浙江省文物管理委员会的邀请，赴浙作一次初步全面的古建筑勘查，以便提供材料作重点修缮的计划。动身前遇到浙江师范学院任铭善教授，承他提供了不少有关的古建筑资料，特别说到金华天宁寺的正殿形制甚古，可能是元构，希望我能去调查一下。虽然文管会原定计划中没有提到天宁寺，既然知道它有元建可能，便不能置之不问。到了金华以后，通过使用该殿的机关，并承胡不归先生引导，偕浙江文管会黄涌泉同志前往，在大雨下匆匆完成了调查工作。

天宁寺位于金华城南，现在城已拆除改为环城马路，所以该寺在环城马路边，面对金华江。金华是个山城，建筑物皆依地势高低而布置，此寺建在很低的山坡上。天宁寺旧名大藏院，宋大中祥符（1008—1016）间建，叫承天。赵佶（徽宗）崇宁（1102—1106）中改崇宁万寿寺。政和（1111—1117）更今名。赵构（高宗）绍兴八年（1138）以崇奉他的父亲赵佶赐名报恩广寺，又改报恩光孝。元爱育黎拔力八达（仁宗）延祐（1314—1320）重建。明朱祁镇（英宗）正统（1436—1449）时修，复名天宁万寿。寺旧有石浮图。正殿后有大悲阁，清弘历（高宗）乾隆四年（1739）知县伍某改建。这是我根据清光绪《金华县志》《浙江通志》，及清康熙《金华府志》所得的一个简单寺史。此寺屡经变动，在国民党统治时，又为“英士大学”占用，修改甚大，全部建筑除木架外，所有建筑装修均经更换。现在前面的天王殿、后面的大悲阁都是清代的建筑物。石浮图亦不见。

平面：正殿南向偏西二十度。台基高12公尺，踏跺六级系新设。殿面阔

1

1 天宁寺大殿 元代大殿全貌

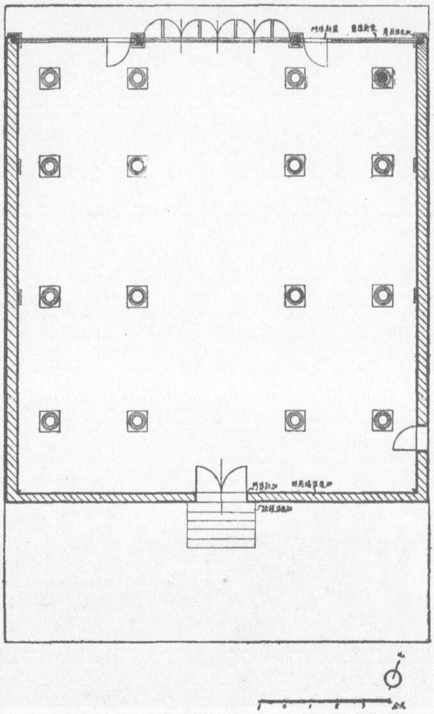

2 金华天宁寺正殿平面图

3 天宁寺大殿 前檐铺作

五间，约15公尺多，进深显五间，长度与面阔等。不过以柱的排列及其他结构观察，原系面阔三间，进深亦三间，现在东西梢间及南北前后两间是后来增加的，所以其面阔与进深以三间计算，二者均为12.80公尺，恰是正方形，适符宋元以来小型佛殿常见的方法。当心间面阔6.10公尺，次间3.35公尺，比例为2∶1，此种当心间特大的办法，与附近宣平延福寺元也孙铁木耳（泰定帝）泰定三年（1326）所建正殿相同。进深由南往北第一间4.66公尺，第二间4.86公尺，第三间3.18公尺。其比例约为1.5∶1.5∶1。现在正面重檐已拆除，殿内佛像他移，佛台等也都没有。在台基的边缘上筑了砖墙，将整个建筑物遮住，中辟一门。上镌“大礼堂”三字，此系“英士大学”作大礼堂时所改建的。

外观：此殿为重檐歇山顶，两际挑出甚深，外施搏风版，无悬鱼惹草，现搏风版下用木支撑，以免其下坠。上檐斗拱用六铺作单抄双下昂。屋顶瓪瓦，下檐施一斗三升斗拱，屋脊瓦饰全无，翼角反翘，一如当地常状。唯可注意的，其檐端轮廓，自当心间平柱起即开始反翘，所以曲线比较圜和，尚存古法。下檐角脊特高，几将转角铺作封着，是极不合理的修建。我根据此殿上下二筋斗拱形制的不相符合，用宣平延福寺上下欲出跳的情形再来一比，（按宣平延福寺上檐斗拱出单抄双下昂单拱造，下檐斗拱双抄单拱偷心造）其下檐决不如此。再证以正面已拆除的下檐来看，它在上檐阑额外皮另施一木以承椽，用材潦草，勉强拼凑，而檐柱与老檐柱之间用简单月梁联系，办法与上海真如寺元延祐七年（1320）所建正殿后来新增重檐部分相似。而上下檐之间距离又短，博脊亦不用，檐柱与柱础形式又与其他诸柱不同，从多方面看，我怀疑此殿面阔与进深原是三间，外观是单檐九脊式，后来前后左右，各加建一间，其面阔约1.5公尺，而加建部分的屋顶构成下檐，致成今日的外观。根据下檐月樑及一斗三升斗拱的形制，与吴县光福圣恩寺明正统十年（1445）所建梵天阁下檐一斗三升斗拱极相似，可能它是明正统间修时所加的。

柱与柱础：周围檐柱用方形石柱，四角刻海棠曲线，柱础形制中部略大，上部微䥫而下部斜杀，底边阔32公分，其下方石，每边长57公分。殿内全部使用木柱，柱身上端，皆具卷杀，柱础与苏州罗汉院双塔内部倚柱下部，宣平延福寺及洞庭东山杨湾庙正殿檐柱柱础皆相同，足证为元时旧物。础高40公分，其下之方石每边75公分。老檐柱自地面起算计高5.3公尺。

上檐阑额狭而高，无普柏枋，高48公分，厚18公分，此种仅用阑额的办法，江南古建筑如已毁的宋代吴县甪直保圣寺正殿、元代宣平延福寺正殿、苏州灵岩寺二山门等处皆是如此，可说沿用唐代旧法。可惜现在出头部分有的为下檐角脊所掩，有的被切去，已无法可以看见了。

斗拱：补间铺作，正面当心间用三朵，中间一朵昂嘴已没有，大约是悬匾额时有所妨碍而切去的。次间用一朵，背面数目相同。山面自南往北第一间二朵，第二间二朵，第三间一朵。栌斗高20公分，长35公分，耳9公分，平3公分，欹8公分。材广18公分，厚10.02公分，栔高6公分，所以拱的比例较高瘦。栌斗比例与《营造法式》规定尚近。唯当心间补间铺作依法式规定仅用二朵，而此殿已开始用三朵，与附近宣平延福寺正殿相同，我认为这是用来解决当心间特大的办法，当时是普遍流行了的。上檐斗拱为六铺作单抄双下昂单拱造，

4

4 天宁寺大殿 转角铺作

5 天宁寺大殿 外檐斗拱局部

5

6 天宁寺大殿 内部梁架斗拱
7 天宁寺大殿 内部结构局部
8 天宁寺大殿 里转转角铺作
9 天宁寺大殿 内梁架

6

7

8

9

昂头斜出，頔势亦不大，看上去很觉古朴，第一跳华拱头偷心，第二、三跳为下昂，而第二跳昂头上施单拱素枋，昂下出华头子以承托，第三跳昂头上仅施令拱与撩檐枋，耍头与椽枋头如延福寺上檐斗拱一样完全省去。柱头中在线则用单拱素枋三层相叠。后尾第一跳华拱偷心，上出靴楔以承上昂，昂尾皆不平行，上昂尾则托于第一层下昂的二分之一处，而下层昂尾又托于上层昂尾三分之二处，依次递托。此种用昂系并上昂与下昂于一处，在江南我们于已毁的吴县角直保圣寺正殿，苏州府文庙大成殿都曾见过，而为《营造法式》所未有。柱头铺作则于栌斗出华拱承托月梁，其上再施第一第二两层下昂，而略去上昂。转角铺作可注意处，即昂上所施令拱各自独立，没有应用鸳鸯交手拱的办法。

此殿进深八架椽，即清式九檩，系彻上明造，但如将前后重檐下之一架椽计入，当为十架椽。其梁架当心间缝平梁下之三椽栿的一头架在后金柱栌斗上，而另一头则插入前金柱间，其上平梁则一端置于三椽栿上，另一端架于前金柱栌斗上。它之所以如此结构，实由于第一第二两间进深大，各占三架椽地位，因此梁架不能不根据平面使用的需要而加以灵活地应用了。所有梁栿都卷杀为月梁形状。脊榑下的欅间两侧各出叉手斜撑于下部平梁上，亦是唐宋建筑常用的手法。

建造年代：此殿梁架下题记之多，实所罕见，东首三椽栿下“大元延祐五年岁在戊午六月庚申吉旦重建恭祝”的题记与文献所载吻合，这是此殿建造年月的明证。西首下则为“今上皇帝圣躬万万岁福及文武官僚六军百姓者”，东首乳栿下“将仕郎管领阿速木投下□□□助缘中统钞伍拾定所翼禄秩高迁宅门光大”，西首“宣武将军婺州路沿海上万户宁显祖助元中统钞伍拾定祈福保佑男僧家奴幼瑞掌珠长承世禄”，其他当心间内额下有“崇善庵比丘永诚（?）乐施宝钞壹佰定所祈四恩等报三有斋资”，阑额下有“持正葆真凝妙法师婺州路光孝观玄学提举兼焚修提点魏善震助缘中统钞贰拾五定两翼身享寿康心全道德”诸条，都是充分说明建于元代无疑。这些题记全用双钩填墨，为元代记年通行方式。不过重檐部分我怀疑是明朱祁镇（英宗）正统间所建，屋顶已经明清几次翻修过。在目前江南已经发现的元代木构建筑中，其年代之古，除宋淳熙（孝宗）二年（1175）所建苏州玄妙观三清殿外，较爱育黎拔力八达（仁宗）延祐七年（1320）建上海真如寺正殿，也孙铁木耳（泰定帝）泰定三年（1326）建宣平延福寺正殿，托欢铁木耳（顺帝）至元四年（1338）建苏州云岩寺二山门皆早，是值得重视的古建筑。

现在梁柱间有白蚁，蛀蚀颇烈，且略向东微侧，希望能及时整修。

绍兴大禹陵及兰亭

载《文物》1959年第7期，题为《绍兴大禹陵及兰亭调查记》

1958年1月，浙江省绍兴县人民委员会对大禹陵和兰亭进行修复，我参加了施工前的调查、计划工作。现将调查所得分述于后：

大禹陵在绍兴市东南约十二里的会稽山麓，出绍兴市稽山门由水路可达，古人所谓“山阴道上”，风景确是明秀宜人。现在该处建筑群计分：（一）大禹陵，（二）大禹庙，（三）大禹寺。三者皆在一地，后二者因前者而产生，如以建筑而论，当首推大禹庙。

大禹庙的历史，《浙江通志》卷二百二十一说：“大禹庙在县东南，少康立祠于陵所，梁时修庙……宋政和四年（1114）敕庙额曰告成，东庑祭嗣王启，而越王勾践亦祭别室。……郡境尚有四所，一在山阴县西涂山，一在山阴县蒙捶山，一在嵊县了溪上，一在新昌南名公塘庙。山阴庙在涂山，宋元以来，咸祀于此，明时始即会稽山陵庙致祭，兹庙遂废。大禹陵庙每岁有司以春秋二仲月祭。康熙二十八年（1689）南巡阅视黄河，念大禹神功，特幸会稽，二月十四日昧爽致祭。……绍兴府知府李铎增葺祠宇，五十二年（1713）知府俞卿重修，而旧祠规模狭隘，岁久断圮。雍正七年（1729）总督李卫动帑兴修。”同书卷二百三十八：“宋乾德四年（966）诏吴越王立禹庙于会稽……绍熙三年（1192）十月修大禹陵庙。明洪武三年（1370）浙江省进大禹陵庙图。九年（1376）命百步之内禁人樵采，设陵户二人，有司督近陵人看守，每三年遣道士斋香帛致祭，登极遣官告祭。每岁有司以春秋二仲月祭。”到了清嘉庆五年（1800）阮元巡抚浙江时，曾重修一次（见阮元《重修会稽大禹陵庙碑》）。其后1935年，张载阳又集款大规模进行修理（见《章炳麟大禹庙碑》），遂成今状。

1

1 大禹庙正殿

2

2 大禹庙窆石亭

3 大禹庙石坊

3

大禹庙经历代修建，今日从文献方面可以考知其规模的，只有康熙《会稽县志》。该志卷十四上说："夏禹王庙在县东南一十二里，正殿七间（作者案：志附图仅五间），东西两庑各七间（作者案：附图作八间，似误），中门三间，棂星门三间，大门一间，宰牲房一所，窆石亭一座（嘉靖三年[1524]知府南大吉修，二十年[1541]知府张明道重修），禹书碑亭一座（碑文于明嘉靖二十年由知府张明道将岳麓书院本翻刻入石），陵殿三间，石亭一间，碑曰'大禹陵'，斋宿房一所，棂星门三间（俱知府南大吉建）。"其他如绍兴县人民委员会所藏清末俞骏绘《禹陵》一图，也与今日布局相似。

现在的大禹庙，已经过1935年的一次大修理，但当时所及以正殿为主，其他仅略加修葺，现存木构当以大门、中门及乾隆"御碑"亭较早。

大禹庙在大禹陵旁，坐北朝南，周以丹垣，总体布局前低后高，不在一个平面上。入口为东西辕门各一间，悬山顶造，现已损毁。入内北向为岣嵝碑亭，石制，单檐歇山造。碑高一丈一尺七寸，宽五尺六寸。其北为石狮一对及石制棂星门三间。入内进甬道为大门，面阔三间，进深七檩，单檐歇山造。中柱之间辟三门，东西次间的梁架应用垂莲柱，脊檩之下施襻间。斗栱平身科明间用四攒，次间三攒，山面与次间相同，用五晒双昂，手法近"官式"，梁枋砍杀，亦非当地常态。又正背两面尚存顶部有卷杀的柱二根，从这二柱以及脊檩下的襻间来看，证以乾隆"御碑"亭的若干做法，此门似在清乾隆时重建，并用了一些旧料。至于脊饰及屋角起翘屡经修理，则纯为江南做法了。其左右有朵殿各三间，施前廊，单檐硬山造。其出檐将把头梁延长向前伸作挑梁状，前端置挑檐檩，也是江南常用手法。再北登高台为中门，面阔三间进深七檩，单檐歇山造。梁架手法与大门相似，用方料直材，与当地一般建筑稍异，但比“官式”用材又较小。其建造年代当与大门同时，而彩画则经重绘。斗栱平身科明间四攒，次间三攒，山面自南往北，第一、三两间各一攒，第二间六攒，斗栱手法及出跳均与大门相同。其旁有朵殿各三间，施前后廊，单檐硬山造，为置碑之所。最后为正殿五间，重檐歇山造，系1935年重建，钢筋混凝土结构。其前置清乾隆辛未（1751）“御书”碑亭。亭歇山顶，石柱，施一斗三升斗拱。正殿旁有左右配殿各五间，单檐硬山造。自东配殿背后登山，有八角亭，今已废。内置窆石，亭背树有“禹穴”二字碑一。于此四望，近处峰峦，远渚烟水，尽入眼底。对于窆石的解释，其说不一。康熙《会稽县志》谓：“禹葬会稽山，取此石为窆。”明韩阳《重修窆石亭记》以为“是下棺之具”，或“下棺之后以石镇之”。石高约一丈，顶上有穿，题字在石下方，字大二寸许，《金石录》以为东汉永建元年（126）五月所刻。清阮元《两浙金石志》以其篆文似天玺记功碑，断为三国时所刻，今字迹已模糊难辨。石上尚有南宋赵与升隶书题名（无年月），元皇庆元年（1312）李倜题名。石旁有清阮元隶书《重修会稽大禹陵庙碑》、明天顺六年（1462）韩阳《重建窆石亭记碑》。

大禹陵西向，面临禹池，正对亭山，禹池外二小山分列左右，而会稽山环抱其后。陵殿已毁，陵前尚存大禹陵碑一通，上复歇山顶碑亭，斗拱用五晒双昂，建筑手法与大禹庙大门、中门相似。其旁为八角重檐石亭，上书“古咸若亭”。陵南有一碑亦书“禹穴”二字，为康熙五十一年（1712）二月所立。入口

4

5

4 大禹陵　5 禹碑

处有棂星门三间，大门已不存。陵之北为大禹寺，梁大同十一年（545）建，唐会昌五年（845）毁废，翌年重建，自唐以来为名刹。西偏有泉名“菲饮”（据嘉泰《会稽志》）。今仅残存寺殿五间，也是晚近建筑。殿后壁间嵌有唐开成五年（840）岁次庚申所刻往生碑一通。

兰亭在绍兴市西南二十七里。这个地方群山合抱，曲水弯环，茂林修竹映带左右，风景非常优美。嘉庆《山阴县志》有如下记载：“勾践种兰渚田，汉旧县亭，王羲之曲水序于此作，太守王廙之移亭在水中，晋司空何无忌临郡起亭于山椒，极高昼眺，亭宇虽坏，基陛尚存。赵宋景祐中太守蒋堂于兰亭修永和故事有诗。明嘉靖戊申（1548），郡守沈启移兰亭曲水于天章寺前。康熙十二年（1673）、三十四年（1695）均重建，嘉庆三年（1798）重修，并查明旧亭基址在东北隅上，土名石壁山下。”可知今日的兰亭，是明代嘉靖间迁移后的所在。兰亭已有多次迁移，王羲之作曲水序的究竟是哪一处，现在已经不得而知了。

兰亭主要木构为曲水流觞亭，系面阔三间、单檐歇山、四面用周廊的建筑，面临曲水。其后中轴线上，为清康熙写的《兰亭序》碑的碑亭，八角重檐。其旁又有兰亭碑亭，系在盝顶之上再加一方顶，形制较特殊。两碑亭都是1923年重修。当时又在曲水前建一面阔三间、重檐歇山的文昌阁及大门三间。在曲水左为右军祠，也是1923年重修的。殿前大池周以廊庑，而一亭出水中，宛有宋人水殿之意，为他处所无。此外还有三角形的鹅池亭等。兰亭建筑在布局上，是按江南园林的方法，以曲水平冈亭阁为主，故入口顿觉开朗。在园

6

6 兰亭门

7 兰亭碑

7

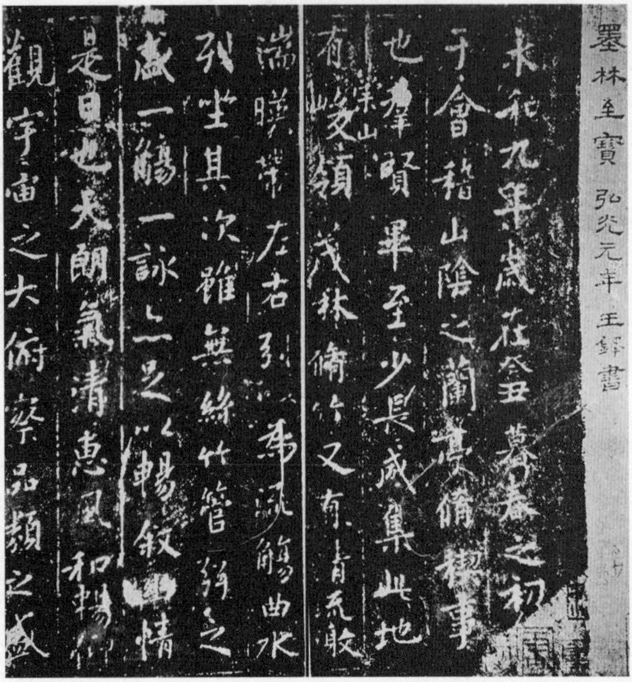
墨林星寶 弘光元年 王鐸書
永和九年歲在癸丑暮春之初
于會稽山陰之蘭亭脩稧事
也羣賢畢至少長咸集此地
有崇山峻領茂林脩竹又有清流激
湍暎帶左右引以為流觴曲水
列坐其次雖無絲竹管絃之
盛一觴一詠亦足以暢敘幽情
是日也天朗氣清惠風和暢仰
觀宇宙之大俯察品類之盛

8

9

8 兰亭修禊序（落水本）拓本

9 兰亭流觞亭

林设计的“借景”上，是经过一番安排的。与大禹陵相较，一主严谨，一主明秀，建筑情调有所不同。从乾隆《绍兴府志》所载《兰亭图》及嘉庆《山阴县志》一图看来，两图情况无大异处，可知嘉庆后修理时的变动较大，而1923年的修理，其变化就更大了。

1959 年

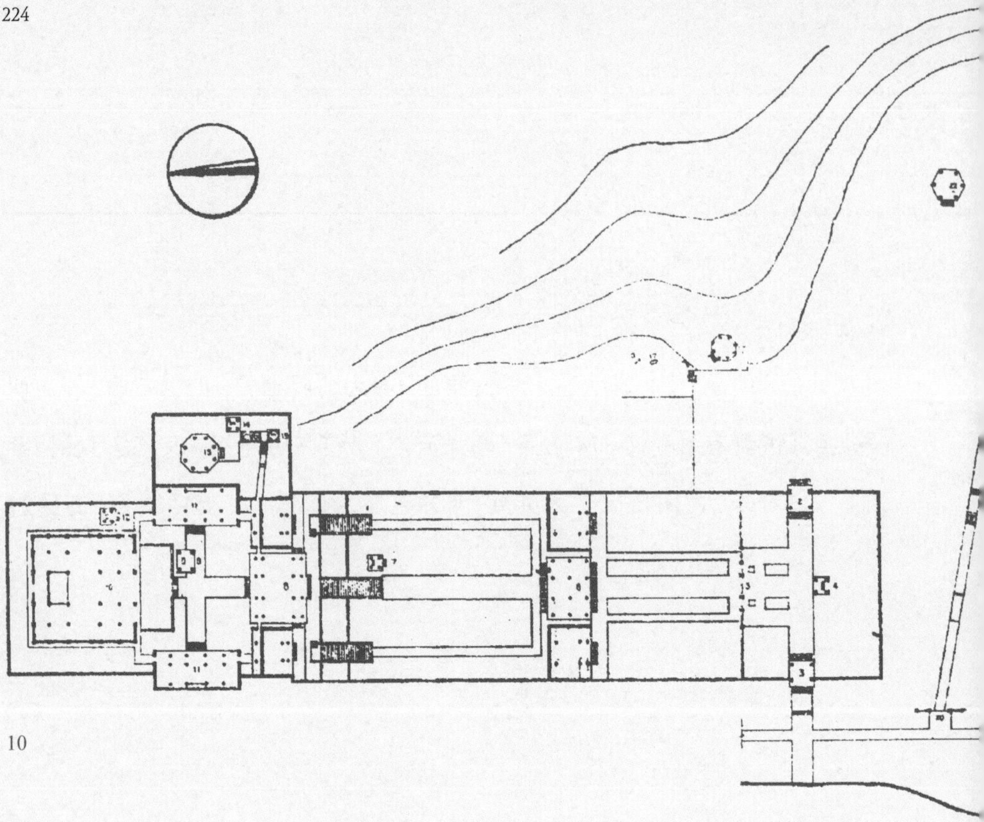

10

10 绍兴大禹陵和禹庙平面示意图

11 兰亭平面示意图

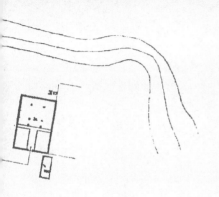

11

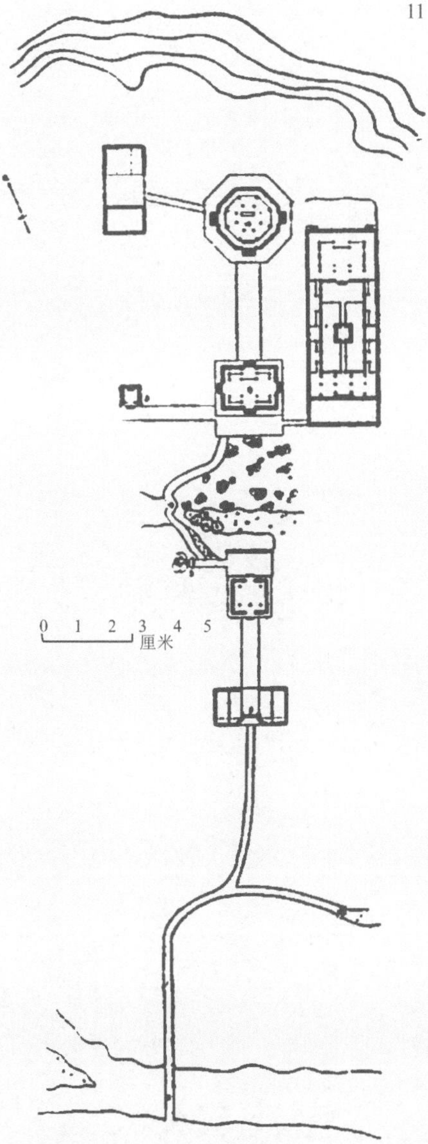

洞庭东山的古建筑杨湾庙正殿

载《文物参考资料》1954年第3期

杨湾庙在江苏震泽县（系新设，旧属吴县）洞庭东山后山杨湾滨太湖的一个小岗上，正西向。从山门入为碧霞元君祠，面阔三间，单檐硬山造，殿内有明嘉靖二十一年（1542）重修碧霞元君祠碑记。经过石级登高台，到山腰，便是杨湾庙正殿。再登山，有一小殿，现名火神殿，也是面阔三间，单檐硬山造，与碧霞元君祠同样为后来重建的。

杨湾庙亦名显灵庙，又名灵顺宫，创自唐贞观二年（628），至南宋绍兴间重建，元末里人王爛钞（万一）再重建，明弘治及嘉靖十九年庚子（1540）复修，清顺治十二年乙未（1655）由里人席本桢大事修缮，就是现在的样子。

庙初祀伍子胥，叫胥王庙，从明、清以来，这庙的名字已屡变更，现在正殿是祀的东岳大帝，又名轩辕宫。据当地人说："反动派统治时要拆毁这古建筑，后改名轩辕宫，说是纪念民族祖先黄帝，才相安无事。"现在伍子胥像供在碧霞元君祠中，其旁并列的为城隍庙，祀城隍汤斌，似以原来基础新构，因此从现有的平面追溯到当时建筑，规模是相当宏大的。

平面：正殿正西向，月台宽17.30公尺，深9.10公尺。北面设有踏跺二级，正面有砖砌阑干。台基宽亦为17.30公尺，深为15.08公尺。正殿面阔三间，共宽13.74公尺。进深三间，共11.48公尺，正面明间宽5.54公尺，南北次间各4.10公尺。进深自西往东，第一间2.94公尺，第二间5.6公尺，第三间2.94公尺。面阔与进深比例为1∶1.2，略近正方形。

外观：殿为单檐歇山，瓦脊从屋角反翘，均系南方做法。山花版比博缝板收进颇深，仍是唐宋旧法，至今尚通行于南方诸省的。山花版内侧的草架柱等，未位于采步金上，而在上面檐椽上施塌脚木，以承草架柱子，与明、清官式做法相同。出檐甚深，台基明高64公分。现在台阶上四周立柱并砌了砖墙，正中开门，两旁设窗，一如江南寺庙常态。南面近西首又有一小便门。檐下列一公尺的直棂窗一排。现在南面墙已有大缺口。整个建筑物之得以保护，使出檐能不下坠，可能就靠了这个围墙的支持。

柱及柱础：殿中都是木柱，柱头多数有卷杀，而以明间四金柱形制尤为秀美，略作“梭柱”形，其他抽换的不具卷杀。金柱高6.20公尺，檐柱高3.90公尺。明间平柱有高4.005公尺的，系后来所抽换，它的顶部与平板枋上皮平，与其他诸柱不同。角柱高3.98公尺。似有8公分之微微“升起”。其“侧脚”计4公分。均尚存宋元旧法（以上柱高皆自地面算起）。

柱础形状：（甲）金柱柱础为素覆盆，石广每边94公分，覆盆直径74公分，上施木鼓一层，直径与覆盆相同，甚觉肥硕。素覆盆的直径与上海真如寺正殿元构相等，石广只大二公分，可见是当时流行的一种标准尺寸。（乙）檐柱柱础，石制，形和真如寺正殿，苏州府文庙大成殿及双塔罗汉院的石礩同，础上施木櫍一层，高八公分，直径40公分，与柱径同。

斗拱下施薄而宽的平板枋，宽32公分，高10.5公分，出头刻海棠曲线。宽度已视柱径减少。额枋狭而高。宽16.5公分，高44公分。出头刻作曲线形，与前者皆略似苏州府文庙大成殿的。穿插枋出头亦刻有曲线。而厢、拱上施挑檐枋，直接承椽，亦存古法。

平身科：正面明间计四攒，座斗四角并刻海棠曲线。南北次间各二攒。

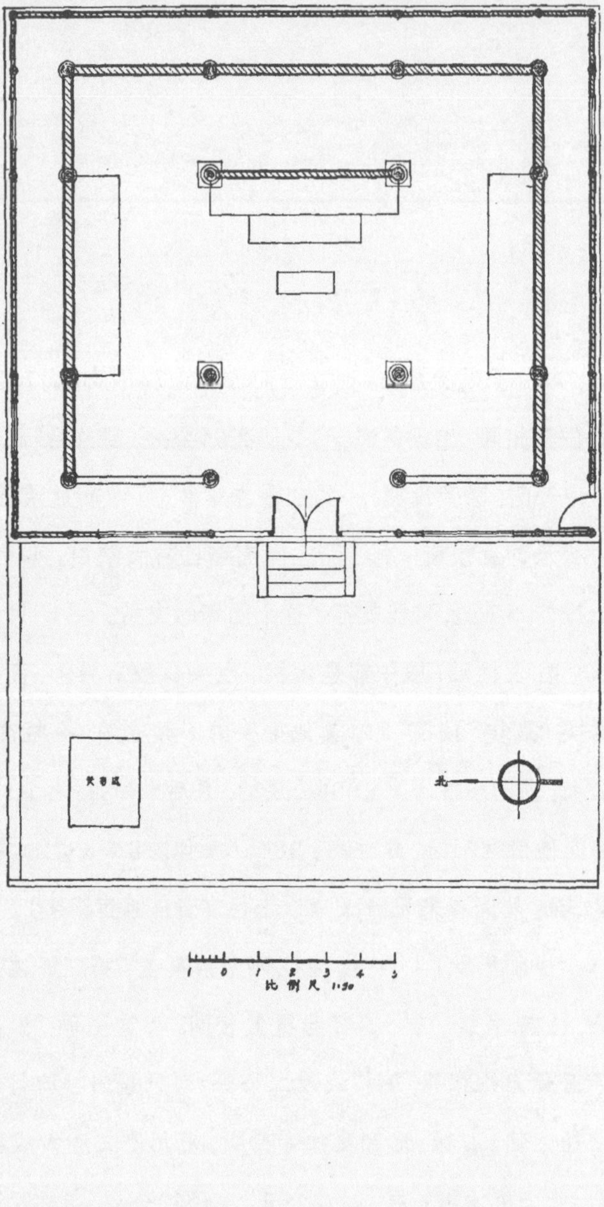

1

1 震泽洞庭东山杨湾庙正殿平面图

2 震泽洞庭东山杨湾庙正殿柱头科

3 震泽洞庭东山杨湾庙正殿平身科

2

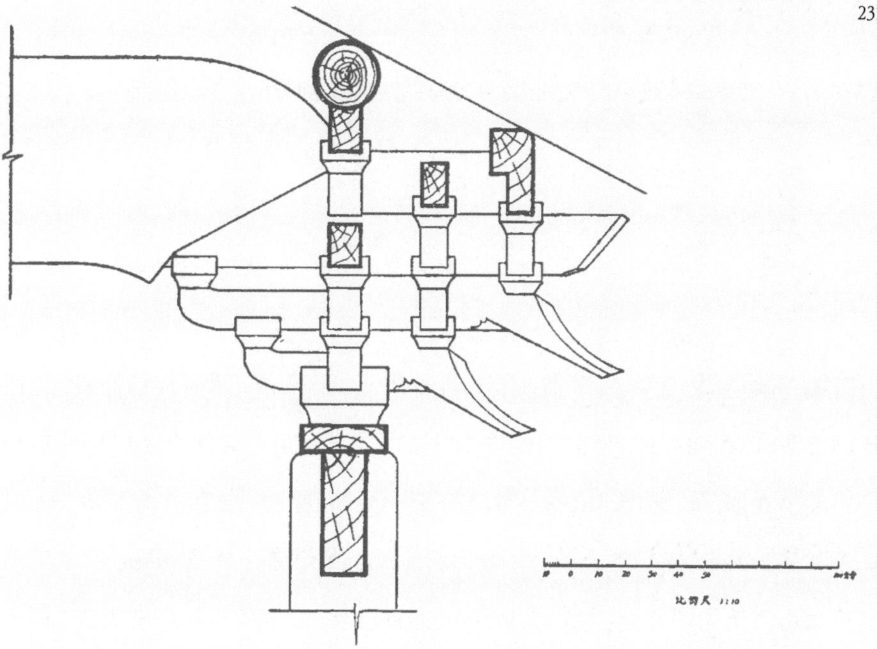

3

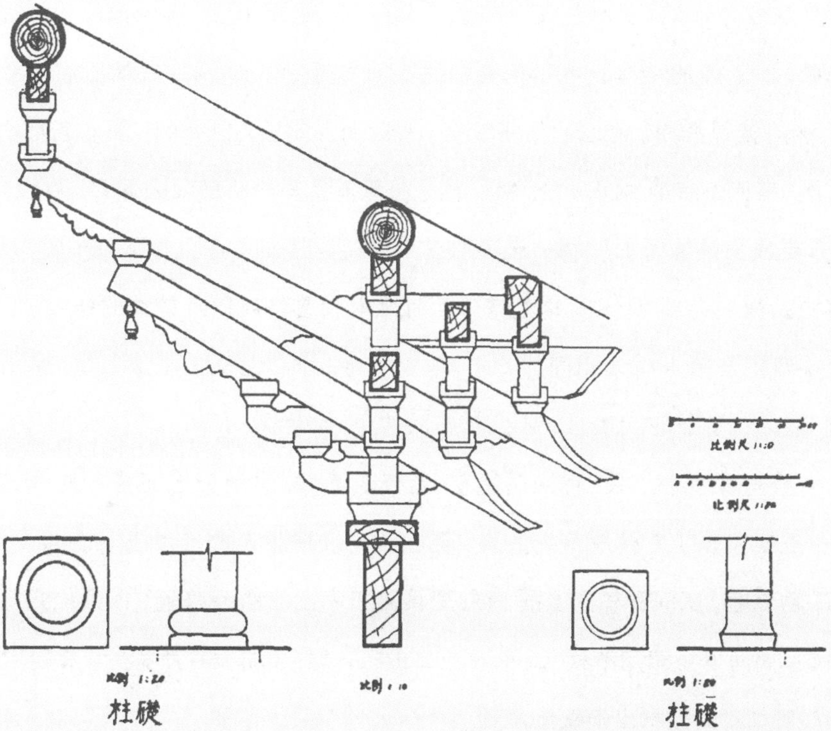

山面第一间一攒，第二间三攒，第三间一攒。至于攒挡，明间计11斗口，次间计13.5斗口，山面的亦与13.5斗口相近，布置疏朗，适与真如寺正殿明间攒挡13.6斗口近似。材宽10.5公分，高15公分，絜高7公分，合计总高22公分。真如寺材宽9公分，高17.5公分，二者比例尚近。真如寺斗拱系明构。唯拿苏州虎丘二山门元构斗拱之材宽13.5公分，高18.5公分，梁高5公分来比较，则相距甚大。再说攒数，虎丘二山门明间用二攒，次间用一攒，所以它的权衡大，要是拿这来做证例，好像就不能断定它为元构。但是值得注意的是用“五铺作双下昂”，后尾“偷心”，昂下用真“华头子”及“鞾楔”，略似苏州元妙观三清殿的。后侧的结构，使用不平的“挑干”二根，一上一下，后尾压在下金檩下，起了真昂作用。看它的昂嘴颧势，及断面形态，又似元制。现存正面明间二攒，南面山面第二间一攒。另一种是将原有重昂的头昂改为假昂，后段“挑干”变成上昂性质的斜撑，未穿过正心枋。“华头子”隐出与昂的斜度，已呈清初式样，因此，我怀疑这是清顺治时席本桢重修时因陋就简的结果。至于柱头科则与平身科采用同样比例，与真如寺相同。它从坐斗出二翘，承载月梁，左右二侧施正心瓜拱、万拱及正心枋，一如常状。

殿进深九檩，系“彻上明造”，无天花藻井。自地面至正脊约高10公尺余，五架梁以上皆清顺治间重建，现在梁下有捐赠人题名可证。“月梁”“檕间”均完整，明间脊檩上金檩尚有直接施于木上的彩绘痕迹，似系应用原来旧料。明间下金檩用断材，式如虎丘二山门脊檩，此即吴中所称为“断梁”，是因一时觅不到整材出于权宜之计。

此殿建造年代，根据上述各点，并参考光绪《苏州府志》、民国《吴县志》、《太湖备考》等书，《碧霞元君祠碑记》和建筑物梁枋上的记年，说明它创自元末，复经明、清二代重修，尤以清初顺治十二年席本桢那一次修建最大，也就是今日所具的规模。斗拱部分尚多疑点，其用重昂，后段皆起，“挑干”的，虽与吴县甪直保圣寺及苏州府文庙大成殿的有局部相似，然也只可说是明代的斗拱，尚存宋元旧制，这可能是明弘治、嘉靖年间重修时的。至于头昂作假昂的，则是清初重修无疑了。根据碧霞元君祠内额枋下“鸱夷藏日庙祀随兴，至刘宋元嘉二年乙丑（425）春重建，唐贞观二年修，宋高宗南渡封王再建，元至元四年修，明嘉靖庚子复修，清顺治六年岁次已丑夏募缘僧崇禄劝众鼎新。”当然唐以前的记载仅见于此，恐难凭信，而殿之创建自元末则是无可否认的。明嘉靖间重修碧霞元君祠碑所载明弘治、嘉靖时的重修，以及正殿脊枋下“元季里人斓钞翁王万一始创，前明太仆寺卿席本桢同夫人吴氏……清顺治岁次乙未夏……落成。”及北面五架梁下题字“旹清顺治乙未岁孟夏吉旦，二十八都胥扶土地界里人姜锡番乐施敬志。”均能吻合，不过顺治十二年乙未（1655）与六年已丑（1649）相差了六年。

元末至元四年（1338）与真如寺建筑年份延佑七年庚申（1320），只差十八年，何怪其形制上有如许相近之处呢？所以我认为此殿现状创自元末，明弘治及嘉靖十九年重修，到清初顺治十二年经席本桢大加鼎新，到民国六年（1917）可能加了外围的砖墙。（根据碧霞元君祠的重建匾额）虽然从清初的重修到现在只三百多年，但它的素覆盆柱础，明间梭形四金柱，及部分未抽换有卷杀的檐柱，可以说是元代旧物，斗拱可能是明构，部分经清初修过的，五架梁以上，全系清初重建。其保存价值是与真如寺正殿相同，正如刘敦桢先生所说："在古建筑稀少的江浙也应保护的。"[1]

此次调查同行的有朱保良君。复承当地农会留宿二夕，亦是值得感谢的。应附记于此。

1 见《文物参考资料》第二卷第八期《真如寺正殿》一文。

广州怀圣寺

载《社会科学战线》1980年第1期，署名陈从周、路秉杰

广州怀圣寺是我国现存最古伊斯兰教清真寺之一，寺中的光塔，迄今所知为国内孤例。与它齐名的还有泉州清净寺、杭州凤凰寺、扬州仙鹤寺等，都是历史悠久的清真古刹。该寺为研究我国海外交通史、建筑史与伊斯兰宗教史的重要实例。1978年5月，我们应广州市文化局之邀，为修复六榕寺花塔去穗，顺便对该寺作了初步勘查。

寺在广州市怀圣路（旧称光塔街），南向，入门有修长甬道，幽静清绝，其间区以三门，大门书“清真寺”，二门额“怀圣寺”，款云：“清同治辛未（十年，1871）仲秋重修，邓廷桢书”。经三门为看月楼，石壁四面，辟四拱门，正面题“怀圣光塔寺”，款作“唐贞观元年（627）岁次丁亥鼎建，康熙三十四年（1695）岁次乙亥仲冬重建”。看月楼重檐翚飞，形制极古朴。左右廊庑周接，花木扶疏掩映。礼拜殿位于正中，出石栏台基之上，殿东西列方形对亭，东亭之后复有矩形亭，面西，似寓敞口厅之意。殿后有小院，东则小轩，置可兰经供教徒阅读。西乃浴室。看月楼东廊有门引入小院，客厅面南，前配花坛，楚楚宜人。再前西置平安室。

光塔在寺之西南隅，邻街墙，浑然耸立。塔院之西北今为接待室，其后隔天井系杂屋。

礼拜殿虽然南向，而其内部布置仍为东西向，乃新建，钢筋混凝土桁架，下弦杆底，书有“大明成化三年（1467）岁次丁亥秋九月二十四日戊午重建，大清康熙三十四年（1695）岁次乙亥（1935）腊月十七日乙巳再建”。仅存故址而已。

1 怀圣寺门

1

寺之布局极紧凑，而院宇开朗，廊庑回合，极开畅舒展之致。自礼拜殿廊下望拜月楼出花木间，光塔背负耸现其上，苍天白云，翠盖红墙，宛若仙山楼阁，令人流连难返，庭院静观之妙，于此得之。

怀圣寺之创建，虽传说初唐，至今笔舌纷纭，迄无定论，清金天柱《清真释疑补辑》有《天方圣教序》载："天乃笃生大圣穆罕默德（570—632）作君作师，维持风化……隋文帝嘉其风化，遣使至西域，求其经典。开皇七年（587年）圣命其臣赛一德斡歌士，赍奉天经二十册传入中国，首建怀圣寺，以示天下。"此文记为隋文帝开皇七年创寺，显然是错误的，那时伊斯兰教尚未兴起，始祖穆罕默德才不过十七岁，尚未成年，断无使臣可命之理。但从另一角度言，其为中国较早的清真寺，似无可疑。元至正十年（1350）《重建怀圣寺记》："白云之麓，坡山之隈，有浮图焉，其制则西域，砾然石立，中州所未睹，世传自李唐讫今。"证之实物，光塔形制，效自西域，中土所未见，正显事实出自外来匠师，当为可信。至于建造年代仅是世传李唐而已。"寺之毁于至正癸未（三年1343）也……殿宇一空。"至十年（1350），再建（据同碑）。明成化四年（1468）又重建（见《广东通志》卷五十三），清康熙间再建。文献碑记所见如此。其足信者有之，不足信者亦有之，元明清三代之重建记录则属有征。光塔最早的记载是南宋方信儒《南海百咏》："番塔：始于唐时，曰怀圣塔，轮囷直上，凡六百十五丈（？），绝无等级，其颖标一金鸡，随风南北，每岁五六月，夷人率以五鼓登绝顶，叫佛号，以祈风信，下有礼拜堂。半天缥缈认飞翚，一柱轮囷几十围；绝顶五更铃共语，金鸡风转片帆归。（历史沿革载怀圣将军所建，故今称怀圣塔）”。其后元《重建怀圣寺记》碑：“……有浮图焉，其制则西域，砾然石立，中州所未睹，世传自李唐讫今。蜗旋蚁陟，左右九转，南北其扃，其肤则混然，若不可级而登也。其中为二道，上出唯一户。”明严从简《殊域周咨录》卷十一默德那条记怀圣寺番塔云：“今广东怀圣寺前有番塔，创自唐时，轮囷直立，凡十六丈有五尺，日于此礼拜其祖”。清仇清石《羊城古钞》卷三：“怀圣寺在广州府城西二里，唐时番人所创，建番塔，轮囷凡十有六丈五尺，广人呼为光塔，……相传塔顶旧有金鸡，随风南北，每岁五六月，番人率以五鼓登绝顶，呼号以祈风信，不设佛像，唯书金字为号，以礼拜焉。”又卷七云：“光塔在怀圣寺，唐时番人所建，高十六丈五尺，其形圆，轮囷直上，至肩膊而小，四周无楯阑，无层级，顶上旧有金鸡，随风南北，每岁五月，番人望海舶至，以五鼓登顶呼号，以祈风信。明洪武间（1368—1398）金鸡为风所堕”。综上诸条可证，严、仇二记似皆出于元《重建怀圣寺记》，俱言寺塔则建于唐。我们就今日所存实物而言，除去金鸡不存，高度未及核算外，其形制未有变易，与实物完全吻合。塔位于怀圣寺西南隅，小院成区，姑名之曰塔院，因历年浮土增长，塔的下部低于今日地面一公尺半以上。入塔须下降拾级而进，南北设二门，皆可螺旋登顶，南梯计设一百五十八级，北梯计设一百五十四级，塔壁递次轮转开狭缝，光线隐约，人攀其间，顿觉神秘之宗教气氛。左右各九转达平台，所谓“肩膊是也”。平台中心更置小塔，一门可入，内较暗，设转梯盘旋，上升数级无路可通。顶现为橄榄形。旧有金鸡，明洪武二十（1387）七月，为飓风所堕，送至京师。存库，易之以铜，万历

2

2 光塔

庚子（二十八年，1600）修复，所易之铜铸为葫芦，清康熙八年（1669）葫芦又为飓风所堕（参见《广东通志》卷五十四），今状为晚近所修。但塔未曾有被火记载。

从文献表面记载到实物现状，两相印证，似乎光塔建于唐代无可非议。然而问题是在南宋岳珂《桯史》卷十一，又出现一段含糊不清的记载，迷离烟水，似欠分明。他说蒲（蒲寿庚之先人）姓“后有窣堵波，高入云表，式度不比它塔，环以甓为大址，累而增之，外圜而加灰饰，望之如银笔，下有一门，拾级而上，由其中而圜转焉如螺旋，外不复见，其梯磴每数十级启一窦。岁四五月，舶将来，群獠入于塔，出于窦，啁哳号嘑，以祈南风，亦辄有验，绝顶有金鸡甚巨，以代相轮，今亡其一足，其一足为盗所取。盗以雨伞为两翼，大风日自塔飞下，发觉被捕”。事见《桯史》。

广州之阿拉伯商人蒲姓，据《蒲寿庚考》：“《桯史》之蒲姓为彼时广东第一豪富，统理外国贸易，蒲寿庚之祖先富甲两广，总理诸蕃互市，……恐《桯史》之蒲姓，即寿庚之祖先，考蒲姓出于十二世纪之末。”“以意度已，今番塔或是蒲姓窣堵波之遗物，进一步言，怀圣寺似可云宋代蒲姓所建也”。岳珂在《桯史》卷十一说：“绍熙壬子（三年，1192）先君帅广，余甫十岁，尝游焉。”此即对光塔认为有可能宋建的依据。

根据岳珂所言光塔之形制，与今日光塔极为相似，是否是同一建筑，论据尚感不足。设若为一，是否就是蒲姓家塔？因为他只是讲“后有”，既可理解成蒲姓家宅内之后部者，也可理解成其住宅后有塔，如果是后面有塔，那就肯定非为家塔，也必非蒲姓所建，若为蒲姓所自建，何以岳珂不书“后建有窣堵波”？故蒲姓建塔之说，难以成立，亦即1192年前，南宋所建之说未能信立。

《南海百咏》成书于南宋开禧二年（1206年）（据吴兰修《南海百咏》书后），光塔如果是在宋所建，最早当时亦仅百余年，在不较长之时期内，非但传闻清楚，且有可能证据确实，故方信儒言“始建于唐”，如言建于隋，肯定错误，建于初唐，亦未近史实。岳珂记忆尚属童年，而方信儒之所书，似有所据，且方与岳珂同时，方之所记应较为可靠。唐至中、末叶，伊斯兰教盛行已二三百年，则建塔之说，焉能不信，再证之西亚、北非现存相似之光塔，如伊拉克萨马腊大清真寺光塔（846—852），埃及伊本、杜隆清真寺光塔（876—879），虽然非完全相同，但都有不少相似之处。二者皆九世纪中之产物。一在北非一在中亚，则东亚之中国定无可能建塔之理耶？因此，无论就文献、实物，除去否定“初唐”建塔之说外，若统言“始建于唐”目前尚无坚论推翻之。

从建筑形制来说：《蒲寿庚考》谓：“番塔形式，与回教寺之普通光塔（Minaret）无异。据美国戈太尔（Gotheil）之研究，回教国之Minaret翁米亚（Ommeya）王朝瓦立得第一（Walid）时（705—715）始创于叙利亚（1908年A、Q、S会报百三五页回塔源流考）。”据此，则广东番塔绝非唐初所建矣。Minalet即邦克楼，叫佛楼，夜间携灯其上有如灯台，观象与望远则兼用之而已。

此塔为圆形，中有塔心柱，梯级在柱与外壁间盘旋而上，与中土唐塔结构形式迥异，虽然宗教不同，形式自当有殊，然结构方式必互相交流，可是我国高层砖塔之出现巨大塔心柱，尚在五代之后，而实心塔心柱如开封铁塔，建于北宋，泉州开元寺双石塔建于南宋，此正是说明光塔建于唐的证明，经过一个历史时期内的消化融会，其结构才对我国塔起到影响。今光塔下沉与塔周后世文化层之堆积，较同地光孝寺南汉两铁塔为深厚，足证其建造年代在前。

总之：怀圣寺与光塔，建于唐时一说，似难非议，宋建之说，有近推测，证据尚感不足，这些还待我们继续从各方面进行考察，今后如能文献有征，并从塔基四周之文化层予以探勘，塔本身有所发现，则更能得出科学的论断。

怀圣寺之建筑尚有足述者，当推看月楼与三亭。

看月楼面阔三间，四壁为石墙，东西南北辟四圆拱门，重檐歇山造，楼虽不大，极精致，它不但耸立在中轴线上，分隔内外空间，而形体之古朴雅健，耐人寻味，不论从大门内望，或自内院观看，皆与左右配合妥帖，面面有致。斗拱角科用插拱，犹存古制，下檐平身料用两攒，出四跳无后。上檐斗拱出三跳，内转跳数相同，上承天花尾。天花书阿拉伯文。斗拱无垫拱板，故内部通风采光甚好，亦华南古建惯用手法。此楼据门额为清康熙三十四年（1695）重建，尚能符合。

礼拜殿两侧之四方对亭，与殿右之矩形亭，制作工整，从梁架结构与雕刻来看，应为明成化间物，而经清初重修者。矩形亭尚存六边形石柱两根，两边相交处作海棠曲线，上置圆栌斗，其下石础剥蚀殊甚。此二石柱与础，皆宋元旧物。诸亭挑檐檩皆搭头造，亦存古意。飞椽为晚近所修。南方建筑至今尚保留许多宋元以前做法，如月梁、梭柱、插拱、圆栌斗等等，在鉴定年代上，切宜审慎，严格注意地方特征。

在越秀山兰圃之后，旧称北郊蕃人冢，是广州伊斯兰教先贤墓址，传为斡葛思墓所在，山径森幽，嘉树成荫，景物宁静，额曰"清真先贤古墓"，门屋内经月门，望庭中花木绚烂，兰香迎人。其西有堂三间，前列敞口厅，几案整洁，芳芬盈袖。结构方式与建造年代与怀圣寺诸亭同时。礼拜殿在其北，新重建，东连一屋面对大门，似为阅经之所。墓圆拱门正对敞口厅，额曰："高风仰止"，入内中为斡葛思墓室，署年贞观三年（679）。墓为撒拉逊式之棺，上复半圆球形拱（拱拜尔），拱之四角以菱角牙子砖与方砖叠涩共十四层。其构造一如扬州普哈丁墓园者[1]，今墓室前附有檐屋。其他诸墓散置于园内。

此墓园建筑处理之匀整停当，花木之香润，气氛之肃静，可与扬州普哈丁墓园相颉颃而风格各具，并充分表现了伊斯兰教建筑之汉化，并与庭院相结合的巧妙手法，在今日探讨古为今用、洋为中用的学术空气中，此墓园似有附及之必要。

1 参见《文物》1973年第四期陈从周《扬州伊斯兰教建筑》。

亳州大关帝庙

载《同济大学学报》1980年第2期

安徽亳州(亳县)是我国古代名城，三国时曹操的故里，地邻河南，接江苏，在铁路未通之前，为南北东西交通枢纽，商业集中之区。北关外客商会集，会馆林立，但地处要冲，为兵家必争之地，几经战乱，古建筑损失甚多。而牡丹之盛，不亚洛阳，当年名园亦多，姚黄魏紫，群芳争艳，极一时之盛，今则与古建筑遭同命运。过去的繁华，从仅存的北关外涡水之阳的大关帝庙建筑群中，可窥见到豹斑，给研究文化史、经济史、建筑史留下了重要证物。大关帝庙，俗称花戏楼，为陕山会馆所在。今属安徽省省级文物，1978年8月中旬，应省文化局、县文化局之邀偕安君怀起率同济大学学生进行勘查测绘，并作了初步的鉴定。

亳州北关外有大河名涡水，河面甚广，过去舟运皆会于此，本地商号及外地客商，都在附近设立大铺号，转运各处物资，客商为了建立其地方商人组织，以及招待来自家乡的暂住人员，都建造了自己的会馆，陕山会馆便是陕西与山西商人出资所建造的，这两地的商人，财力充沛，所以会馆的建筑亦特别宏伟，会馆内奉祀关羽，又称大关帝庙。

庙的总平面，从今日尚存的主体部分来讲，以正殿为主，以歌台(戏台)为辅，两者相对而建，旁列坐楼(看楼)，形成既是有一定的宗教性，且具有娱乐性的公共建筑，主次分明，功能明确。这种完整的建筑群，是有其一地的代表性。在外观上，于东西道上，建砖雕大门，用华丽的装饰突出了进口。入内歌台则又用工整木雕踵事增华，作为正殿的对景。而正殿以勾连塔顶形成较长的进深，可容多数集会者与观众。南北屋顶起伏，东西观楼成行，井

1

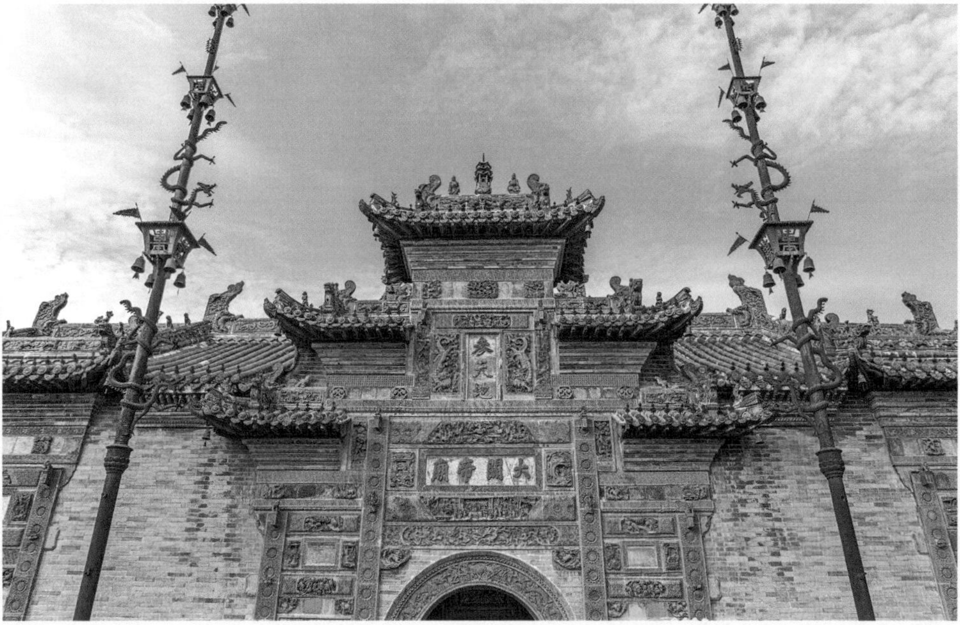

1 大关帝庙（视觉中国供图）

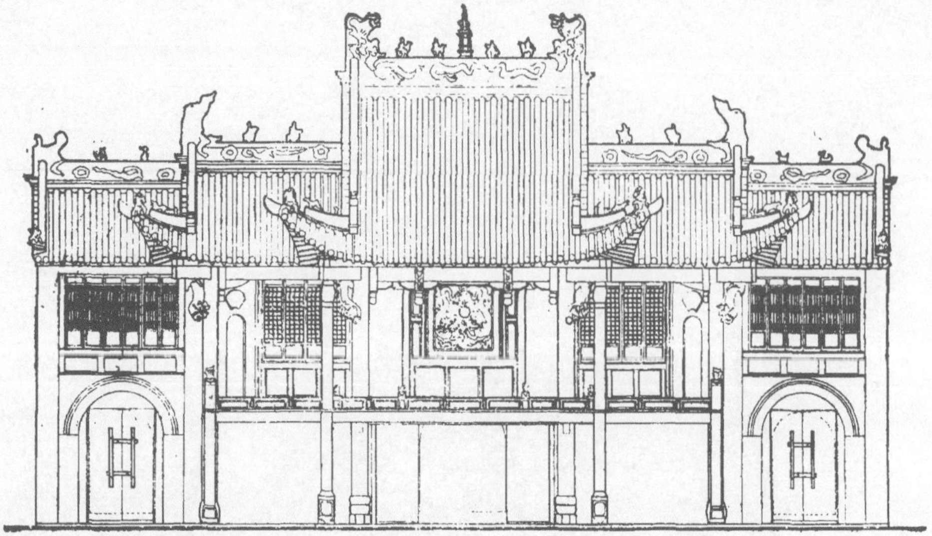

2

3

2 亳州大关帝庙歌台立面

3 亳州大关帝庙剖面图

4 亳州大关帝庙正殿立面

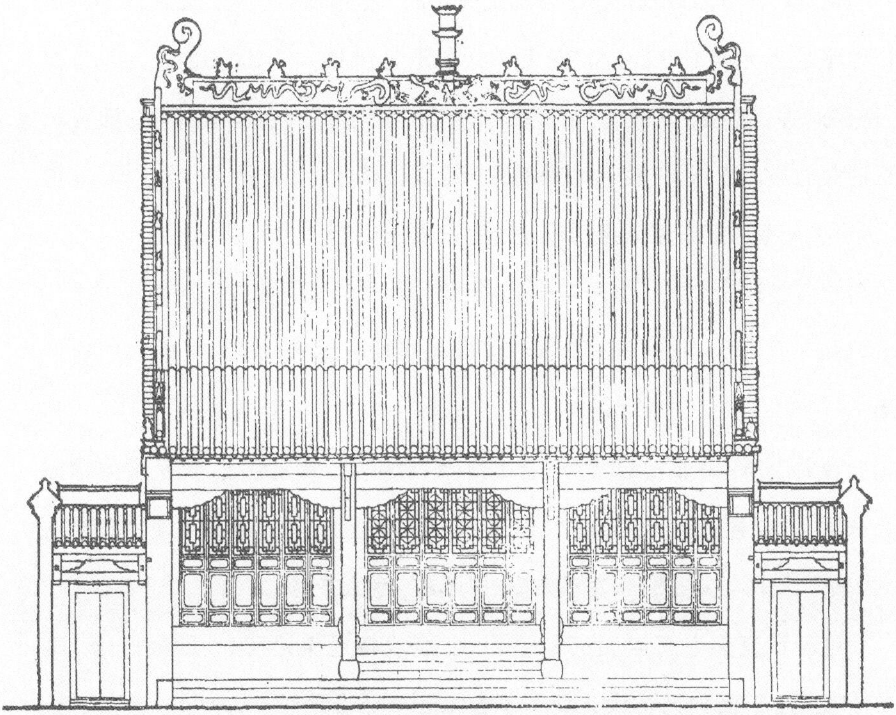

4

然有序，充分体现了院落宁静舒适的境地，廊庑周接，回环四合。每当演剧之时，声响不外溢，效果良好。而乔木树梢出周墙之上，与殿宇相掩映，夕阳西照，宛如图画。

歌台及正殿坐楼等全组建筑，在建筑史范畴中是一项重要类型，其规模从清初直到今天尚保存着，并且歌台两旁的化妆室内还写着当年一鳞片爪的戏码，更为难得。而大门之砖雕与歌台之木雕，都是精美的艺术品，且保存了许多已失传的戏种。对研究戏剧史来讲，亦属难得的资料。

庙南向，大门为砖刻门楼，额曰大关帝庙，前列石狮一对，铁旗杆一对，旗杆为清道光元年（1821）所铸，左右二门题钟鼓楼，亦砖刻。自大门入为歌台，两侧的钟、鼓楼，以圆砖拱门承之，今钟存而鼓亡。旁各有耳楼。歌台北向正对关帝殿（正殿），殿前置铁香炉，翼以坐楼二行。殿左右有道，饰垂花门，入其内小院成区，原来殿宇已废，建筑有所变动。

砖刻门楼硕大工整，为今存少见者，建造年代，其中若干刻法较朴茂者，以清乾隆时作品为多，过于烦琐者，似清末期时所加配。但以整体而论确为难得。

歌台歇山顶，钟鼓楼配其旁，悬山顶，歌台前突，翼角翚飞，而配置有序，层次分明，自正殿望之，极尽古代建筑雍容多姿之感。歌台内题“舞妙歌清”额，左右门上书“想当然”“莫须有”，甚风趣，耐人寻思。

台建于清康熙十五年（1676），见《创建戏楼题名记碑》。屡经修缮，梁架有所变动，平面亦已扩大，即台前端伸出一阶沿地位，下承柱，屋顶下复

5 钟楼　6 大关帝庙檐角装饰（视觉中国供图）

5

6

添擎檐柱，故外观稍觉沉重，柱础亦有新旧之分，后加者皆方形，柱亦同。以时间而论，似为清乾隆时所成，此与当时戏剧发展有关。台顶覆藻井，周以垂莲柱，外绕卷棚顶。檐下亦饰垂莲柱。细审之梁枋柱之雕刻皆外加钉固，非原木制成，乃乾隆时建所为。彩画几经重绘，最后一次在清光绪十八年（1892），画中有“大清光绪十八年时宪书”之句可证。据清乾隆四十九年（1784）《重修大关帝庙记》：“乾隆三十一年（1766）……藻采歌台，固已极规模之宏敞，金碧之辉煌矣。”乾隆四十一年（1776）该庙重修记：“极雕镂藻绘之工。”故歌台建筑风貌之形成，当在此时期。两侧坐楼各计六间，原为置牌位兼作观剧之用。其结构为五架梁加外廊，《乾隆四十九年重修大关帝庙记》有“乾隆三十一年聿新大殿、增置坐楼”记载再证以大殿前殿五架梁结构及用材大小均能一致，为乾隆间物无疑。阑干则为近时所改。

正殿三间分前后两进，后殿祀关羽，因关是山西人。此殿高敞用材较瘦，大翻轩下雕刻秀雅，据清乾隆三十八年（1773）《重建大关帝庙碑记》，与实物相证应为顺治十三年（1656）之物，其所以如此者与当时经济有关。盖易代初财力尚不足之故。金柱间施七架梁，前后双步。后世有所更易，其前加建大翻轩（卷棚）上施六架梁。东西二门今闭，“便禅门”“通神道”二额系后加。前殿与后殿以天沟相联接，形成勾联搭顶。前殿上施五架梁，用材肥硕，雕刻繁缛，风格与歌台同，所谓“聿新大殿”“重建大殿”当指此而言，乾隆时所建可信。

据清乾隆三十八年（1773）《重修大关帝庙》：“亳州北城之大关帝庙建

7 歌台（一）
8 大殿后殿（一）
9 大殿后殿（二）
10 大殿前殿（一）
11 坐楼（一）
12 歌台（二）
13 歌台（三）
14 歌台（四）
15 坐梯（二）
16 歌台（五）
17 大殿前殿（二）
18 歌台（六）

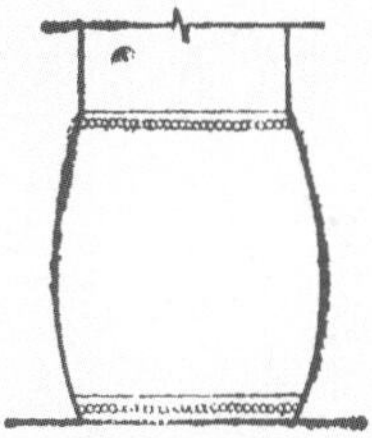

7

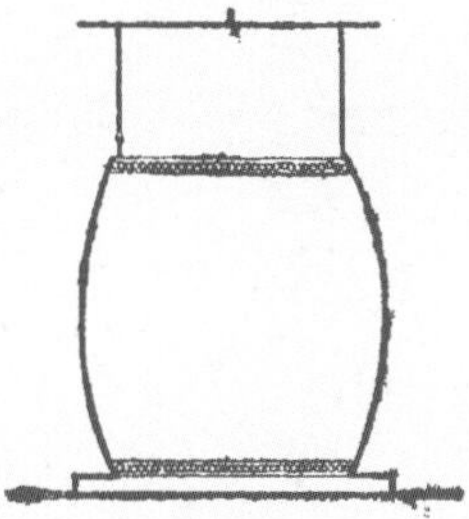

8

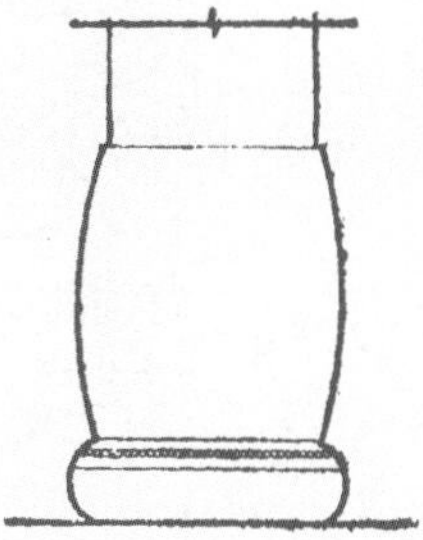

9

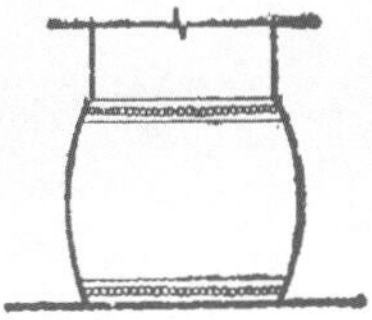

10

11

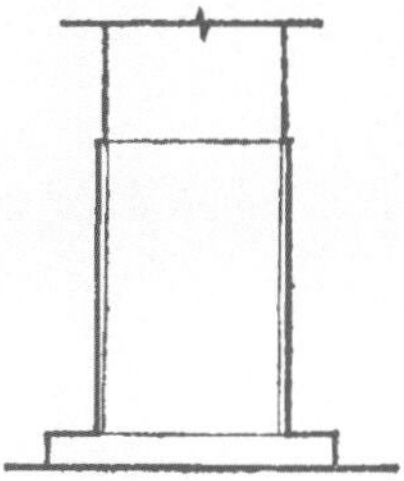

12

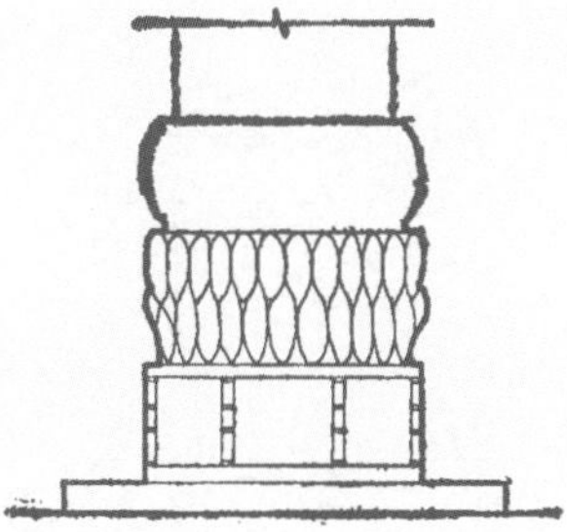

13

14

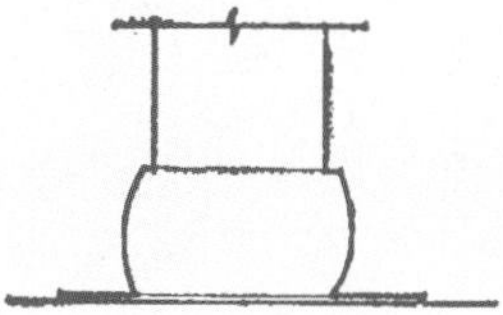

15

16

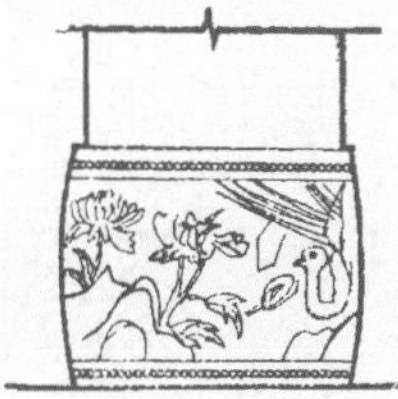

17

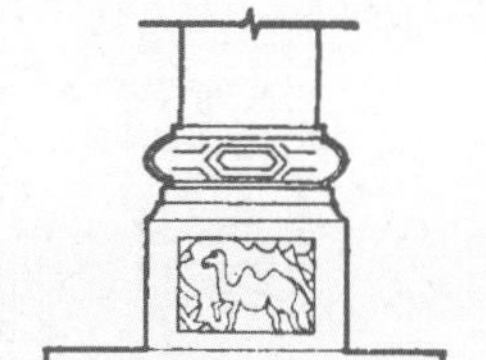

18

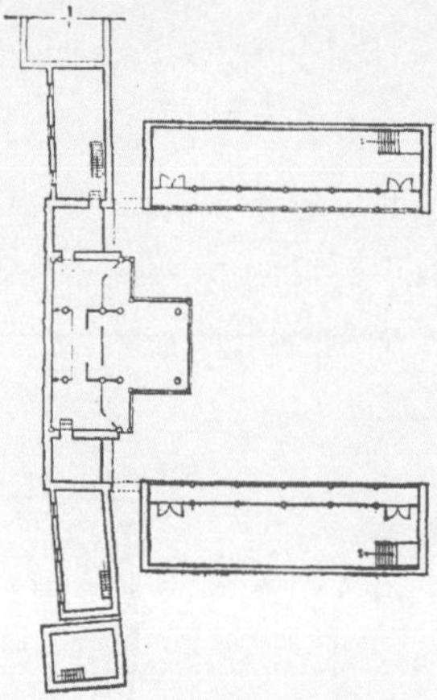

19

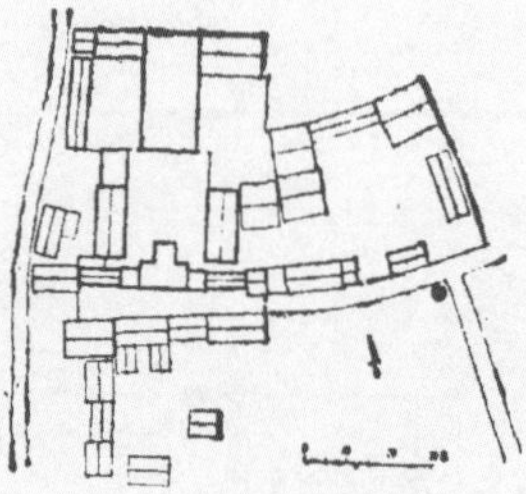

20

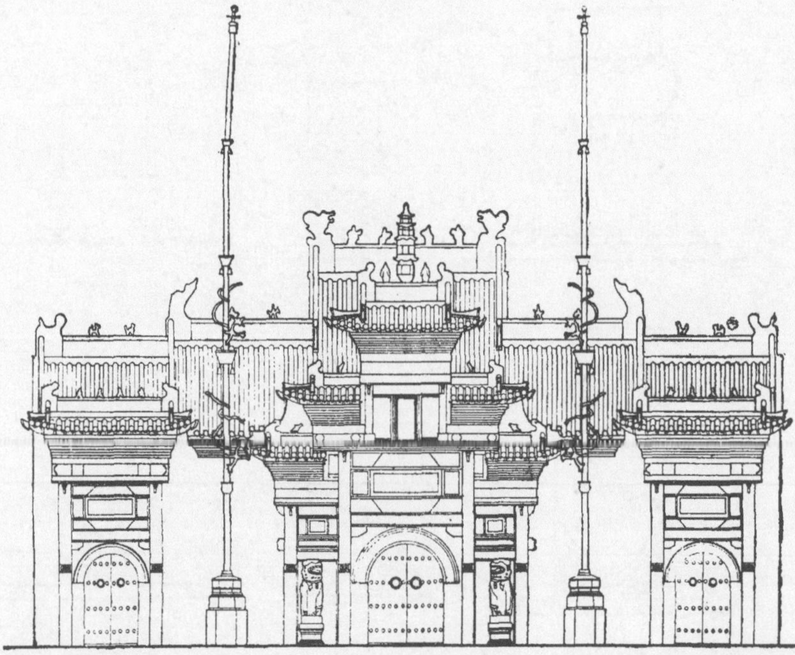

21

19 亳州大关帝庙歌台二层平面图

20 亳州大关帝庙总平面图

21 亳州大关帝庙正门

22

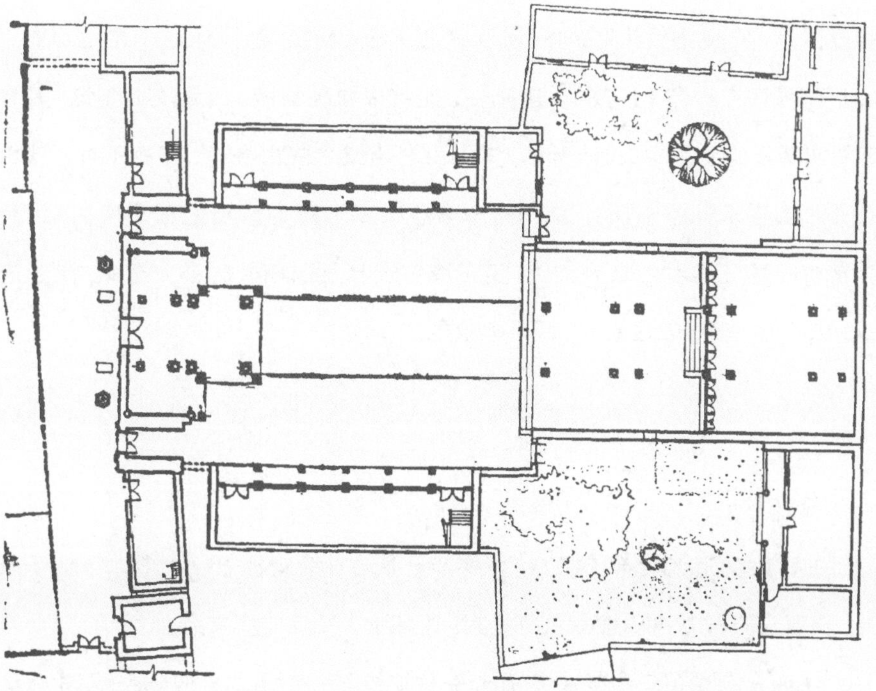

于国朝顺治十三年（1656），首事为王璧、朱孔领，两人皆系籍西陲而行贾于亳。连袂偕来，指不胜屈，亟谋设会馆以为盍簪之地，仰承高义，俎豆荐馨，爰创斯举，嗣后一修于康熙二年（1663），则郭九皋、张玉起、王桂也。再修于康熙三十三年（1694），则梁臣、张玉鼎、陆德凤也。又修于康熙五十二年（1713），则李天福、梁尔禄、余文祯也。荏苒以来四十余载，木朽砖颓渐就剥落，乾隆十九年（1754）曾有梁季贤、刘汉裔等劝募兴修，规模粗就，因资粮不及半途中止。迨至乾隆三十一年（1766）善士郭秉纶明经倡首劝募，得全兴号董君继先独力捐资重建大殿，并塑金容，僧寮客座次第增设，左侧以财神殿附焉，约糜金钱千有余两，壮丽恢宏，美哉轮奂矣。”详述兴建之历史。其后乾隆四十一年（1776）、道光初、光绪中均经修缮。因属陕山会馆，其建筑胥出晋匠之手，一如山西所见。其与山东聊城之陕山会馆、河南开封之陕山会馆、江苏苏州之全晋会馆，同出一辙。砖木二雕为该庙之精华所在，为研究清中叶建筑艺术之重要实例。至于院宇宏敞，画栋朝飞，游人至此，流连忘返。余小住一周，归程回首，迟迟举步矣。

注：

旗杆铭记：

1.时大清道光元年（1821）岁次辛巳秋吉日铸造旗杆一对重二万四千余斤。陕西众药材帮弟子敬献铁杆一对，永保十方平安吉庆有余。（左）

陕西众药帮弟子为献关圣君老爷位前旗杆一对重二万四千余斤，永保十

方平安。陕西同州府华阴县金火匠人徐福长、申秉健、孙永庆、李凤林、曹增福。（右）

2.香炉铭记：“道光二年（1822）岁次王午重三千斤。”

江西贵溪的道教建筑

1963年8月偕陈大钊、卢济威两君去江西调查古建，江西为余重游之地，忆1958年冬及次年春夏以江西建筑史编纂事数赴赣，此行则重在庐山及龙虎山二处之古建。在南昌应博物馆及省文管会之邀，去新建勘查程姓地主宅园，往返于山谷间，遇雷雨，衣履尽湿，极狼狈之状，今思及之殊堪发笑。归途过浙，朱豫卿（家济）翁候于杭州车站，同行去余姚保国寺。今又越十二年，补录其时调查文于后。

江西贵溪县为我国道教建筑及遗址的重要所在地。龙虎山因第一代天师于此炼九天神丹，丹成而龙虎现，因以为名。此山道书称为第二十九福地。其境岩山层叠，清溪幽澈，以天然风景而论，确是美丽极了。山间道观，现今几损毁殆尽，仅山南正一观尚存。

上清宫在今上清镇东首，“其乡曰仙源里，曰招宾街，曰琼林。左拥鼻山，右注沂溪，面云林，枕台山，溪山环抱，仙灵都会也”。（清乾隆《龙虎山志》卷三“宫府，大上清宫建置沿革”）据清同治《贵溪县志》卷二之四“建置寺观”：

> 大上清宫四代真人张盛建传箓坛，唐会昌中（841—846）赐额真仙观，宋祥符中（1008—1016）敕改上清观。崇宁四年（1105）迁建今址。政和三年（1113）改为上清正一宫。元大德（据清乾隆《龙虎山志》卷三“宫府·大上清宫建置沿革”应作至大）己酉（1309）赐名正一万寿宫［按清乾隆《龙虎山志》卷三“宫府·大上清宫建置沿革”元至元乙酉（二十二年，

1285）、大德戊申（即至大元年，1308）重修，明年己酉毁，皇庆癸丑（二年，1313）又修，至治壬戌（二年，1322）厄于灾，后至元丁丑（三年，1337）又复修，至元辛卯（1351）毁等记载］。明洪武二十三年（1390）重建，永乐［按清乾隆《龙虎山志》卷三“宫府·大上清宫建置沿革”为永乐元年（1403）］修。正德［按清乾隆《龙虎山志》卷三“大上清宫建置沿革”为正德戊辰（三年，1508）修。《明武宗实录》：“正德四年（1509）闰九月己巳命翰林院撰上清宫碑文，先是太监李文奉敕往江西贵溪建造上清宫，工完奏请碑文……特命翰林院撰之”］、嘉靖［按清乾隆《龙虎山志》卷三“宫府·大上清宫建置沿革”为嘉靖壬辰（十一年，1532）］修，及万历己酉（三十七年，1609）重修，规模一如旧制。皆赐帑修葺。国朝康熙二十六年（1687）赐御书大上清宫额。五十二年（1713）赐帑兴修。雍正九年（1731）遣大臣监修，建斗母宫，赐御书斗母宫额，御制碑文，恭载艺文，置香田膳田，增广道院额，设法职。乾隆、嘉庆间俱修葺。

原来规模详见清乾隆《龙虎山志》卷三“宫府·大上清宫建置沿革”及“大上清宫新制”二文。同治、光绪后虽未有修建记录，然就现有建筑及天师府修缮情况来看，必涉此宫。1932年，上清宫毁于战事。

上清宫门楼名福地门，其前东西原有四柱三楼牌坊二：左曰崇福，右曰广教。坊旁旗杆亦二，今皆不存。坊东为元碑亭，一为元延祐六年（1319）敕赐玄教宗传之碑，虞集撰，赵孟頫书，张纯朴刻。另一碑字迹漫漶，文亦虞集撰。入福地门为九曲巷，逶迤三折。此种入口在表面上看来，似乎为利用该处地形而安排。但南京朝天宫入口亦不平直，同作三曲，称九湖湾。以此参证，必寓有以“九”为尊的宗教意义。九曲巷向北转东至西向下马亭，过亭折北为棂星门，石建，东西为钟鼓楼，鼓楼已毁，钟楼为近构，极简陋。正中龙虎门，其后左右分列碑亭，亭背为玉皇殿殿基。其他见于志书所载各建筑皆不存。宫东有东隐院，亦系后建的一组小建筑。福地门俗称鼓里洞，清乾隆《龙虎山志》卷三“宫府·大上清宫建置沿革”：“（宋）景定，张闻诗创门楼，榜曰龙虎福地。”此门名之由来。东西缭以朱垣，砖台高约5.20米，中辟券门。上建重檐歇山殿五间，其外所带周廊则低于殿基，非在同一等高地面。屋架结构为横向列中柱，柱前后架双步梁，梢间用抓梁，转角施递角梁以构成山花及转角部分。正面明间下檐不施斗拱，而上下檐斗拱攒数又不一致，上檐为四攒、二攒，下檐为六攒、四攒。上檐斗拱外侧单昂，内侧出一跳，耍头后尾同作跳头形状，撑头木刻夔龙形，而横拱则作如意头状。此殿柱础是用较高的古镜式。有部分柱顶尚存卷杀，梁架有少数双步梁的月梁斫杀工整，其上还余有墨线底彩画。殿应为明建而经清代大事翻修过的。门砖镌有“延祐丁巳（1317）福地门”等字，可证台为元代所建。

九曲巷蜿蜒于福地门与下马亭之间，甃石为道，夹以朱垣，垣外乔木森列，人行其间，殊多神秘之感。此种入门后曲折的处理，除体现了道教建筑平面的特征外，使大门与正殿不在一中轴线上，正殿偏右正对门东之小山，藏而不露，对景明确，未始没有其一定的巧妙，利用地形达到功能上的要求。下马亭面阔三间，外带周廊，重檐歇山式，其木架结构系前后金柱间施五架梁与随梁枋，五架梁之上为天花所掩。金柱与檐柱间施挑尖梁及随梁枋。明间的额枋仅施一层，与左右间有别。雀替瘦长，斗拱用二攒，次间则一攒。上檐单翘单下昂，昂头上卷略作象鼻形，内侧出三翘，施斜拱。下檐单翘，内侧三翘，耍头刻作夔龙形，角科则施“鸳鸯交手拱”。以斗拱比例及攒数来看，用材较大，位置疏朗，诸拱“卷杀”亦老成，柱础为礩形，从这些来说亦是比明代较古的做法，然根据整个梁架、柱枋出头、雀替及斗拱细部手法等来看，应是明构，而若干如大木砍杀梁枋做法等明显受到官式建筑的影响。但局部如斜拱、昂头与拱后尾雕刻等，则又具当地地方风格。

棂星门石制三间，中连以砖垣，两旁尽端附砖券门二间。就中石制三间系木结构冲天柱贯斜木，斜木内高外低，相对若八字状，其形制与苏州南宋绍定二年（1229）所刻《平江府图》中的天庆观相似，犹保存了宋代的遗规。柱上云版与柱头云罐的雕刻，与南京明孝陵下马坊相同，唯云罐位置视孝陵者稍高，因此说有可能是明洪武间所创建的。盖洪武间上清宫曾大兴土木。复据遗留的柱础及部分柱梁等观之，则今日上清宫所存木构，其最早年代当不出此时期。

据清乾隆《龙虎山志》卷三“宫府·大上清宫新制”：“旧像不称，易以脱沙者，聚沙为像，漫帛其上而髹之，已而去其沙，与宋之夹纻、元之搏换一法而异名耳。凡宫中新塑神像皆如之。”此别具一格的塑像，惜今无一存者。钟楼中尚存元钟，其铭序“至正十有一年（1351）正月乙丑，信州龙虎山上清宫灾……是年九月庚申经始，越明年闰三月辛卯告成，凡用赤金九千斤，钟长寻有二尺，中国视其长加一寻”等语，足补志书所未载。其他明嘉靖十五年（1536）刻老子像、隆庆四年（1570）重建虚靖祠题名记碑、清雍正十年（1732）御制大上清宫碑、嘉庆十五年（1810）重修上清宫碑记等。

天师府在上清镇，清乾隆《龙虎山志》卷三“宫府·大真人府旧制”：“府第在上清里古沂阳市，宋时在关门之上，元时徙长庆里，在静应观西，后复徙观东，即今址也。”它是今日上清镇道教建筑中规模最大的一区，且保存亦最完善，是国内现存封建社会“大府第”之一，是今日我们研究宗教建筑及当时社会的重要资料。府位于镇西端，门临上清宫前街，面沂溪（又名上清溪），对瑟琴岭，北倚西花山。豫樟成林，阴翳蔽日。在明秀的山水中修建了一所大第宅，占用了大片的耕地，其性质且兼官署，每年“香田”收入六千六百六十余石。这是载之于清乾隆《龙虎山志》的公开数字，其他私下收入尚未计入。

头门面阔五间，进深二间，单担歇山式。缭以墙垣，正对溪渡，形式似清代官衙。额为“嗣汉天师府”。其左右原有“道尊”“德贵”两坊及其西一碑亭，均早不存。门的结构，于中柱前后施三步梁，柁橔作花瓶形，中柱间设门三道。门内为甬道，再进为二门，在头门与二门间原有垂花门式的一座仪门。二门三间，两旁各带耳房一间，进深二间，单檐硬山式。结构与头门同。唯柁橔形式视头门为简单。内为大院，合抱樟树，扶苏接叶，十分葱翠。甬道中有一井，泉清冽适口，此或道家所谓“丹井”。中建大堂五间，前带廊施翻轩，有匾额为“御赐教演宗传”。明间额枋下辅以雕“二龙抢珠”一枋，殊为突出。

自此堂开始，其建筑视前二进之受官式做法影响有所不同，纯以地方风格出之。梁架酌用穿逗式，翻轩上施草架。整个建筑用材亦草率。大堂后穿门绕过照壁，达“私第”部分，正厅名“三省堂”，面阔五间，三明二暗，前有月台，上建雨棚，与正厅用天沟勾搭，厅前两侧间隔花墙，老树参差，庭院修整，有恬静森穆之感。梁架施雕刻，前后金柱间用七架梁，后带翻轩，因此进深大，此种大进深为适应当地气候条件，乃赣省习用之手法。有匾额为“仙派名裔”。堂之后部左右辟两门，左额“紫气门”，右额为“金光门”，正中通后堂一门，额题“道自清虚”。后堂为江南院落式建筑，天井周以楼屋，堂为楼厅五间，前后带廊施翻轩，明间敞口，轩下有“壶天春永”的寿匾。堂下层特高，次梢间为内室，厢楼高度视厅事为低。该部建筑皆施雕刻，极秾缛。后为小院，左右翼以两厢。敕书阁原在院后，今已毁。观星台在厅事西墙外的邻屋顶部，由厅楼穿墙方达。东部家庙，今毁过半，不复成局。其后味腴书屋，门前老桂倚墙，婆娑作态。有隶书联云：“泮芹蔓衍芹期来；丹桂花开桂可攀。”书屋为院落式，正屋有楼。案：清乾隆《龙虎山志》卷三“宫府·大真人府制”上所说原为书院旧地，重建乃易今名。书院后有门，可通园林，园名灵芝园，临水建纳凉台，池名百花池，绕池多松樟。后门有额名“秀接衡阳”。私第西为万法宗坛，布局似北方四合院，正殿五间，东西配殿各三间，皆单檐硬山造。门屋左右各缀廊屋。柱础为古镜式，与大木构架皆受官式做法的影响。院中罗汉松二本，可合抱，虽该地此树生长较易，然如此大干亦平生少见，在此宏敞的院落中很是相称，浓荫散绿，确为之生色。后堂西侧有屋一区，门额“横金梁”三字。入内一进，厅中悬“为观其志”一匾。元（玄）坛殿在二门东，正殿三间前带雨棚，东西庑各三间。至于大堂前的东西赞教厅，二门西的法箓局、提举署及万法宗坛殿后的真武殿与两庑、殿后的小屋等，皆早不存。

天师府屏山临溪，松樟漫山，远峰回抱，夏季气候凉爽。沿溪乘竹筏可达邓家埠，如今鹰厦铁路经过上清，交通更为方便。这地方将来作为一个风景休养区，很是合宜。在总体布局上，天师府运用了中国传统府第的规格，又结合了封建衙署的功能需要，故前端甬道修长，重门深杳。至大堂前用大院，顿觉豁然开朗，主体突出。这区是宗教行政的地方，除大堂外，其前还安排了赞教厅、法箓局与提举署及元坛殿等建筑。据清乾隆《龙虎山志》卷三“宫府·大真人府旧制”所载，大堂后有后堂，今之大堂似原为二堂旧址所在，今日所见大殿显得过分深广（注）。从私第正厅开始，建筑群骤形紧凑，纯以居住院落出之，运用地方建筑手法。

万法宗坛为独立的修道区，院落与建筑宏敞，又以北方四合院来部署。至于天师府建筑手法，现存柱础，古镜形式极大多数视北方比例为高，如头门、二门、万法宗坛等。实因气候潮湿故不得不略作权宜之计，此种柱础其中工整而低平的，似应为明洪武元年（1368）“新其第”时所遗。木构虽已重建，但形式与结构方法尚沿官衙之旧。二门面阔，视原来位置已减少。大堂木构，已易当地手法。私第正厅开始，柱础皆为石鼓，或再在其下垫以多边形石础，酌施雕刻，时代亦较晚。梁架雕刻秾缛，装修过分繁琐，此为欲表现其私第豪华所造成的。天井作正方形式，视赣省之一字形者宽敞为多，实是夏季温度不高，与其他该地民居一样，没有与赣省一般者强求同式。楼屋明间底层特高，两侧稍低，此种手法，自浙东往南所常见，有的甚至于明间不建楼，或一小楼，是为了夏季炎热，将内部净高加大，并且在造型上又突出主体，该处可兼作祭祀宴会之用。东西向之余屋，天井一律作狭长方形，俾减少夏季日照，亦与上述受气候影响所使然。花园部分虽仅一纳凉台，但其前清水浩渺，樟木葱郁，枕流看山，得借景天然之胜，建筑上亦不必多事增饰，引人有超然世外之感，这与宗教思想有关，构成了另一种园林风格。

据清乾隆《龙虎山志》卷三“宫府·大真人府旧制”：

明太祖洪武元年（1368），赐白金十五镒新其第。成化丁亥（三年，1467），御书大真人府额。乙巳二十一年（1485），命守臣重建。嘉靖中遣官吴猷同江西抚按督修，其制……康熙甲寅（十三年，1674），土贼窃发，上清罹兵火，大堂、赞教厅、东西厢房、耳房俱毁，唯有后堂五间大门、仪门，毁后重葺，朴陋不称。私第则后堂敕书阁及后堂之东西厢与私第东之家庙，家庙后之后殿书院厢庑亦俱毁。万法宗坛毁后重建，而真武殿东西庑俱不存。元坛殿虽存，两庑仅存其一。牌坊碑亭亦久废矣。

则知康熙时天师府因农民起义为朝廷镇压时所焚毁。其后重建亦较简陋，有些亦无力重建了。现在的建筑，据梁架脊檩与脊枋下的题记：大门建于清同治六年（1867），二门建于清同治四年（1865）。私第内三省堂前的照壁，刻有“同治六年（1867）谨修”。从该堂之建筑来看年份当与此同时。后堂为清同治癸酉（十二年，1873）建，味腴书屋为清光绪二十年（1894）建。其他如万法宗坛之建筑，以手法与用材来看，亦不出同治年代。元坛殿民国五年（1916）丙辰修建，时代更晚。在这些建筑的修建年代中，以同治年间为最多，其所以能大兴土木者，实与当时政治背景分不开。案六十代天师张培源于“咸丰八年（1858）戊午乱兵侵境，避往应天山，九年己未（1859）督办团练，防剿多捷”（吴宗慈《张道陵天师家世》历代天师列传）。其子仁政，即六十一代天师，亦于“咸丰九年佐父办团，防剿多捷。经巡抚耆奏奖，奉上谕着以县主簿，不论双单月擢用。同治元年（1862）袭爵”（吴宗慈《张道陵天师家世》历代天师列传）。入民国，六十二代天师张元旭又勾结了张勋，在民国三年（1914）恢复封号，发还田产，接受了袁世凯的“三等嘉禾章”。1928年后，赣东为红军根据地，张元旭逃亡出走。1932年红军解放上清，迨其撤退，张元旭一度重归，复得国民党的支持，用了两千个民工，又进行一次天师府的修整。现列为江西省级文物保护单位。

注：清乾隆《龙虎山志》卷三“宫府·大真人府旧制”：

其制为大堂五间，东西赞教厅三间，东西廊房各六间，二门三间，左右耳房各二间，头门三间，后堂五间，东西耳房二间，穿堂三间，东西厢房各六间。私第则正厅五间，东西厢房各三间，门屋一座，后堂五间，东西厢房各五间，堂后小厢房六间，敕书阁五间。家庙在私第东，享堂五间，东西庑各五间，正门三间，后殿五间，东西庑各三间。后书院三间，东西厢房各三间，后小房九间。万法宗坛在私第西，正殿五间，东西庑各三间。坛后真武殿五间，东西庑各三间，殿后小屋九间。元坛殿在二门东，正殿三间，东西庑各三间。法箓局、提举署在二门西，前厅三间，后厅三间，东西厢房各三间。牌坊二座，在府前，左榜道尊，右榜德贵。碑亭一座在府门西。

丁巳立秋后一日录竟，挥汗如雨，劳劳终日，詹詹小言，余亦不知其何为也。梓翁又记。

庐山的宋元明石构建筑

江西庐山是我国著名的风景区，历史上遗留下来的寺院及其他古建筑，摩崖题名，尚多存者。石构建筑著名的有宋代栖贤桥，宋、元、明石亭，都在建筑史上有重要价值，1963年夏作调查如下：

栖贤桥在星子县（旧南康府治）北十里，为庐山南麓一景。桥跨三峡涧，背负苍山，古树交柯，翠竹摇空，溪流终年如注。宋苏辙《栖贤寺记》：“（栖贤）谷中多大石，岌嶪相倚，水行石间，其声如雷霆，如千乘车行者，虽三峡之险不过也，故其桥曰三峡。”又因为在桥的附近有一个栖贤寺，是唐代名贤李渤曾隐读于此而得名的，而此桥亦遂名栖贤桥。

三峡的水，源于庐山五老、汉阳、太乙诸峰，势极猛，流量很大，涧内复多巨石，激流相击，形成“银河倾泻，起蛰千雷”（宋黄庭坚《栖贤桥铭》）的境界。桥的两岸，峭壁峻险，桥下深渊名“金井”。水浅时水面距桥面约二十米。桥的选址是从星子县通庐山的要道，因此建造了这座飞凌南北的跨峡桥。

桥为单券石造峡桥，在山洪暴发时，水势汹涌，故架空为之，并且利用了原来两峡岩形，桥墩形成南北高低不一致，南侧稍高于北侧。在北墩之前有一岩伸出，在岩上置石桌凳，为游人观涧的地方。岩面有马朋书“金井”二字巨刻。桥墩作须弥座状，桥的跨径为10.33米，桥面宽4.94米，长20.17米。系用九道独立拱圈并列砌置，东西两侧已各毁一道。券石首尾相衔，凹凸相楔，以今存七道券计，共用石107块。券石按榫卯之凹凸，可分三种形式。在桥的正中券石刻有“维皇宋大中祥符七年岁次甲寅二月丁巳朔建桥，上愿皇帝万岁，法轮常转，雨顺风调，天下民安。谨题”。大中祥符七年为公元1014年，距今已949年。除桥面栏杆等于1927年（民国十六年）重修加建外（民国《庐山志》），前年（1962）星子县人民委员会又一度刷缝。迄今石桥仍坚挺卧涧上，继续发挥其交通与欣赏景色的作用。在东侧外券第六块石上刻："江州（九江）匠陈智福、智海、智洪"所造。东侧第二券第七块石上刻有"建州僧文秀教化造桥"，西侧外券第七块石刻有"福州僧德朗句当造桥"。这里明白地告诉了真正建造此桥的劳动者与教化者，是一份宝贵的建筑匠师资料。而明王棉《三峡桥记》："又云桥鲁班造，盖谓坚致壮奇，非班不能造耳，非谓真造于班也。"这样说法正与赵县隋代安济桥出鲁班手一样，是当时群众对这样一座工程艰巨的石桥创建者所予以的高度评价。

据民国《庐山志》所载，桥从宋元以来的石刻题记，已佚者有宋黄庭坚《栖贤桥铭》五十二字。"三峡桥"三字（在涧内）传亦为黄庭坚书。宋淳熙己亥（1179）新安朱熹题名七十八字。宋钱闻诗三峡桥诗七律八韵。唐寅题识等。今存者北墩有"王蔺以淳熙戊……"，"嘉靖壬子（1552）正月既望同知南康府事江伊到此"，"大理评事签……事杨"。南墩有"衡山陈振东游男定……"等题记。至于北墩壁面所刻莲花图案，其手法与浙江绍兴市宋宝祐四年（1256）建的八字桥石柱上者相同，足证为宋时所刻。

栖贤桥利用高谷山岩，飞架南北，既利交通，又减少山洪冲击，在相地上利用因地制宜的传统手法，又就地取材，节省了运输与人工。拱券结构仍沿袭了赵县隋代大石桥并列券的做法，在构件上则有所改进与提高，券石应用了凹凸榫卯，似欲补救大石桥用腰铁之弊，以增加联系强度。上海青浦县金泽镇宋咸淳元年（1265）建造的普济桥，在时间上相距已251年，还沿用并列券法，券下石刻莲花图案亦复相似，足征宋代拱桥之大概了。又江西清江县阁皂山的鸣水桥，系单孔石券造，有“大宋政和元年辛卯岁阁皂山道众化缘信……”，“……人财物建此桥至四年冬至日毕工谨题”。政和元年为1111年，已迟栖贤桥近百年，桥在体量上较栖贤桥低小得多，施工时间费四年之久，那么栖贤桥的建造所费时日亦可想见。这对宋石券桥的施工提出了有证的资料。

庐山南麓有五大丛林（寺院）：万杉、秀峰、归宗、海会、栖贤等。在万杉寺南一里红树埿地方，现在还保存着一座石构宋亭，这亭位于山的西麓，诸峰合抱，松竹映翠，景色十分深幽。亭是全用花岗石建的，这种石当地人称为麻石，非常坚硬。亭平面为方形，上覆四角攒尖顶。正面西向。结构形式，是在四隅用八棱柱，下贯地栿，上以檐额相连，再加普柏枋，两者断面作T状。补间铺作每面一朵，它是在栌斗上置泥道拱，拱皆隐出，仅东南角柱头铺作一朵有所不同，似系石料不足所致。斗拱后尾出一跳，偷心，上置圆石。东西两面的补间铺作，在栌斗上横月梁形的明栿，后部华拱分位即为其所占。栿的正中置圆栌斗，自其中心出华棋八跳，斗上覆磐石，分置簇角梁四，“斜栿”四。因为不施榑椽，以石板铺屋面，故每面正中又加“斜栿”一道，其头与角梁一样外伸，则为木构建筑中所未见者。亭上冠宝顶，今与屋面皆已不存。檐下有石雕雀替，亭的东西北三面原施槛窗，今仅留痕迹。亭内有六边形石砌井洞，每角有华拱出跳。以普通塔之例（僧人置骨灰处称普通塔），当为置僧人骨灰处，而此亭以形式及所处地位来说，或为泉亭亦未可知。庐山附近通运镇有同此类型的八角石亭，名普同塔，栿下有“大宋政和壬辰（1112）岁季冬甲申朔造”铭刻，其亭内亦置石井，可作参证。

此亭根据明栿下所刻“熙宁十年（1077）岁次丁巳……”题记，则为北宋所建，视通运镇普同塔的年份还早，为今日我国古代石亭最先实例。

秀峰寺前东南水田中有麻石造元代石亭一座，亭单檐六角攒尖顶，南向。亭柱六棱形，两柱间施雀替、檐额及普柏枋。角柱上置大栌斗，对角横月梁形的明栿，栿中部置侏儒柱，柱下部作石碽形，上覆圆栌斗，出簇角梁六根，“斜栿”六根，不施槫椽，上承石板屋面，其方法与上述宋亭相似。宝顶已失去，圆形顶座尚存在。柱头铺作后尾出华拱一跳，偷心，跳头上安一长方形石块。其须置明栿者，华拱分位即为所占。补间铺作每面一朵，后尾出跳与柱头铺作相同。柱与柱间贯以地栿，上部装修，于正中者乃于石槛墙上列壁形石板，正中者稍宽，两侧左右间则槛墙较低，俾使亭内主面突出。此亭用材视宋亭已减少，月梁弯度亦较直，皆是做法上显著的不同。

根据明栿下有“维大元至正七年（1347）岁次丁亥腊月望日建”题记，其为元末之物无疑。与上述宋亭旧时皆未见著录。

秀峰寺前有观音像巨刻，题记为“泰定二年（1325）”，玩其绘画笔意尚具唐风。石刻确为宋后物。

庐山黄龙寺后半里许有石造赐经亭，又称御碑亭，清代与民国《庐山志》皆有记载。“寺踞庐山之中，以黄龙潭得名，万山环抱，松杉碧绕，后枕玉屏峰，前有天王峰相峙，其西为御碑亭，亭下为大溪。”（清同治《庐山志》）风景显得十分苍邃。赐经亭方形，单檐歇山造。形式及结构均仿木建筑。斗拱殆因材料关系，与石牌楼一样不施横拱。亭内部天花石刻至精。其他亭上之脊、枋子、垫拱板等无不施雕刻。亭中置明万历十五年（1587）顾云亭所立之“御碑”。碑镌万历十四年（1586）赐藏敕旨，及十五年圣母施佛藏经。此亭以建造年代而论稍迟，然完整精致，点缀在风景区中，除供游人休憩外，还可作为明代的石刻艺术来欣赏。

星子县多明代碑坊，形式华赡，雕刻工整，具有一定的艺术价值，今尚保存着五座。其中明嘉靖丙戌（1526）陶尚德一坊记年犹在。城内旧南康府头门，传为周瑜点将台，旁有大的石制饲马槽。台砖砌，中辟拱门，上建重檐歇山顶楼，据砖铭“天顺南康府钟鼓楼”，则台建于明代可知。至于木构则为清代重建。此台雄踞星子县城中，如今四周辟为公园，楼系文化宫一部分，供游人登临观赏湖（鄱阳湖）山（庐山）景色。

从上述这些石构建筑中，可以看到江西古代匠师的技术成就，同时足征宋、元、明三个时期石构建筑的嬗变，为研究木构建筑提出了有利的佐证，尤其在宋、元木构亭榭建筑实物不足的情况下，可以借此以补空白。就江西来说，在宋、元木构建筑未发现之前，石构建筑的价值与木构建筑同样具有重要性。

此行在庐山遇陈彦卓兄，山间相见，倍觉亲切，彦卓与余同执教上海圣约翰大学多年，比邻而居，渠通植物分类之学，曩岁同品题中山公园花木为乐，惠我至多。不意别后数载以心疾暴卒，伤哉！录此文为之腹痛。前情如梦，难以去怀。彦卓福州人，历任圣约翰大学、华东师大教授。

拾余篇

江浙砖刻

编者按：原题为《〈江浙砖刻选集〉前言》

砖刻是我国民间雕刻艺术的一种，它是在方砖上雕成各种人物、花卉、图案、文字等等，用来装饰建筑物的外观或内部的。在旧式建筑物厅堂前的门楼、照壁，以及墙的“墀头”与“裙肩”等部位，都有此种砖刻，而在江南地区的厅堂门楼，则尤为常见。它在中国建筑方面应用的雕刻艺术中，除石刻与木雕之外，又另树一帜。如远溯砖刻的起源，在现存实物方面，当推汉代的画像砖，其次是在北魏、唐、宋、元、明诸砖塔及陵墓的砖材遗物中，也间有一些施雕刻的。宋《营造法式》卷十五，“须弥座条”所示的做法，系用十三砖叠砌而成，上施雕刻。同时，苏州玄妙观南宋遗构三清殿的须弥座砖刻和今天所见还在继续生产的，相差无几。不过，过去的施工情况，是否和今天一致，就还有待于考证了。至于和今天所见砖刻一样的，首先当推现存的一些明代建筑装饰，如江苏洞庭东西山，安徽歙县等处的明代民居，以及山西、南京、苏州等处的无梁殿上的砖刻。它的风格质朴雅致，题材多以图案花鸟为主。及至清代中叶以后，砖刻的题材逐渐加多，正如乾隆时钱泳《履园丛话》所说：“大厅前必有门楼，砖上雕刻人马戏文，玲珑剔透。”可见其时用砖刻来装饰建筑物的风气已经盛行了。

江南土质细致，宜于制砖。苏州所产，在过去封建社会营造宫殿时，采用最多，即以其细致坚固，少沙眼，而且经久耐用的缘故。且砖在质地上视石质为松，视木质为脆；在比重上较石为轻；在自然条件的侵蚀方面，石质又较木质更耐风雨，施工既甚方便，而效果却是一样的好。因此明清以后，砖刻艺术就更加发展起来了。

1

2

3

4

5

6

1—4上海砖刻工作情形

5 浙江绍兴砖刻老技师正在工作的情形

6 江苏苏州砖刻老技师正在工作的情形

江南地区的建筑物上，几乎到处都有砖刻，不过在艺术风格与技巧的优劣上，还是视这地区的经济情况与文化发展而有所不同。试从江浙二省来看，江苏的旧苏州及松江府属，浙江的旧嘉兴、湖州、绍兴及金华府属，都是明清两代财富集中之地。近百年来，上海城区的一些会馆建筑，更能表现这时期个别地区的经济情况。到今天还存在着的清代遗留的较大建筑物，就其风格来说，苏南浙北是同一系统，刻法细腻秀雅；浙东遒劲粗迈；而上海所存，则因匠师来自各地，作风便有综合各地风格的现象。

这些砖刻过去在建筑方面，多数应用在观看主要部位，如门楼、照壁、墙的“墀头”与“裙肩”等部分，目的是除去增加该建筑物的观瞻华丽外，更使居住者得有一个美好的环境。例如门楼在厅堂的对面，人坐厅中，面对着华美的雕刻品，自然得以好感；其在墙的顶部檐下，或在须弥座与大门四周的砖刻，也都是用来美化环境的。另一方面，大门在门楼下面，门楼用砖，大门就不会被风雨侵击，这对于保护木制大门是有作用的；旧时为了防御水火盗窃，有些讲究的大门又在门上加钉竹条、铁皮，或钉方砖，在装饰之外，更有它一定的实用价值。

砖刻和石刻、木雕，在建筑艺术上同样地发挥了装饰作用；所不同的，只是材料的差别，应用时因需要而有所不同。例如浙东产石，石刻就多于砖刻。有些地方因石质笨重，不适合需要时，便改用砖料。并因砖质易于施工，于是在原有的基础上，又进一步加工装饰，刻法更为精细，层次更为加多。浙东有些地区，木材产量较多，门楼则又改为木制了。至于砖刻匠师，在若干地区亦非专业，而是雕花木工兼做的。从砖刻的题材内容、风格、技法等方面来看，它和木雕之间是有一定联系的。

从这本选集中搜集的图片来看，可以见到各地砖刻的不同风格。例如内容是“四时读书乐”的苏州砖刻，宛如几幅图画，其布局的妥帖，人物表情和姿态的生动，利用柔和圆润的刀法，刻制精工，充分地表现出人物和花木的立体感，以及建筑物的层次和深度，描绘出一些极其幽静的意境。又如上海砖刻《八骏图》的几幅部分图，刻法浑朴，和古代的石刻不相上下。这些作品在砖刻中都是精品，尤其是对于图中的建筑物及园林花木器物的忠实描写，给我们提供了一些文物资料；还有若干题材是当时地方戏曲的剧情，在戏曲方面，亦保存了不少资料。至于图案花纹的精细，在这些砖刻中亦占很重要的地位。在刻制的手法中，对于人物的写生，其身段之优美，衣褶之流走，表情之细腻，可以看到当时匠师除继承了固有的传统手法与临写画本外，复从实际的、舞台人物的形象中体会得来，此又为我们今天艺术创作所值得学习的地方。其花卉图案及书法的构图和用笔，都与当时的绘画书法一脉相通，将施于纸上的佳作，移到砖上去，仍然是栩栩如生，却又比平面的原作更多立体的感觉。因此我们可以体会到一种艺术与他种艺术之间，彼此是有息息相通的地方，即砖刻一道，其艺术方面的形成，也不例外。

砖刻施工过程，编者曾经访问过几位技师，兹将其情况记录如下：

1.方砖整齐工作：选择质地优良细洁、沙眼少的方砖，先以砖刨刨平，再将口（四周）做直，使其成雕刻时良好的材料。

2.刷白浆：用石灰刷在方砖的上面。

3.上浆贴大样：将画成的图画大样上浆，然后贴在刷好白浆的方砖上。

4.描刻图样：根据大样上的图，用小凿在砖上描刻后，再揭去图样。

5.刻凿：先把四周线脚刻好，然后再进行主题的雕刻，俟初步完成后再凿底。

6.刊光：分两部分，先刊底，后刊面，在以前工作的阶段中，如发现有不妥善的地方，同时进行修改。

7.修补：刻成后，如因砖质较差，有沙眼时，可用猪血砖灰填补，其成分比例为五份砖灰，三份猪血。

8.磨光：最后如发现有不光洁处，可用糙石磨光。

9.装置刷浆：将雕刻成的作品，装置在预定的地方，用石灰嵌缝，装置定当，用砖灰加十分之一的石灰和成的灰浆刷上。

现在砖刻的艺人，大部分散居乡间，有些年老的相继去世，青壮年大都参加了农业生产，因此在基本建设中，还未能充分利用和发挥他们在这方面的才能；希望手工业的研究部门注意到这些艺人，把他们组织起来，予以适当安排，使他们能得到更好的创作机会。

此集所选图片，是编者在实地勘查古建筑时摄影搜集所得。江浙砖刻为数不少，不过残缺者居多，从此集中可见一斑。至于砖刻中的故事内容，除去一般熟悉的，如“西施浣纱”“圯上纳履”等等以外，编者曾和上海戏剧学校昆剧组诸位同志共同研究过。因为大部分是地方戏曲，年久失传，无从查考，只得暂时存疑。但其中可能还有糟粕存在，暂亦无法剔除，尚希读者能予指教！有一部分因系建筑物上拆留的残片，其应用部位，不得而知，也就无法详注。最后，希望大家对这一类砖刻遗产能予重视与保护，并研究如何接受其优良传统，将它运用到雕刻艺术上去，则是编者所热望的。

陈从周

1957年2月

写于同济大学建筑系建筑历史教研组

柱础述要

载《考古通讯》1956年第3期

柱础就是柱下的基础，它主要的功用是将柱身中的荷重载布于地上较大的面积。我国的建筑以木构为主，木材容易腐烂，所以它接触地面部分用石，既可防潮，又可免柱脚腐蚀或者碰损，在建筑的结构上有它一定的作用。

柱础在文献上最早的记载是《淮南子》“山云蒸，柱础润”一语，实际上考古发掘提供了比文献更早的实物，如最近陕西西安半坡新石器时代村落遗址的发现，柱下虽无础石，但已有较坚硬的夯土层，它的作用与我们今日的柱础用意一样，据《考古通讯》1955年第3期上所发表的《新石器时代村落遗址的发现——西安半坡》一文中所说：

“第一类是有泥圈的柱洞，约有一百多个，大部是在中期文化层里，在早期的堆积中虽然有，但很少。这种洞的特点是：柱孔周围有一围坚硬而纯细的白土，厚度自0.05米至0.1米，和周围的灰土分别得非常清楚。底部多为尖圆形，内有木炭，内表面相当光滑。这种泥土，初出土时是坚实的一块，干燥后即显出一层层压锤的纹痕，大约是经过夯压的，它的作用，好像和今日我们的柱础一样。第二类是没有泥圈的柱洞，这些柱洞比较简单，是在早期的灰土中掘一柱穴，表面坚硬，也是加工过的。洞口至洞底大体是一致的，也有尖圆形的，内有木炭。洞壁有些比较平光，木理痕迹还很明显，但有些则不甚规则，仅有破的表面而无木理的痕迹。”

在河南安阳殷代遗址中所见到的，又有卵石柱础与铜锧（图12），据《中国考古学报》第二册十四页中，有下列的记载：

“铜础（锧）是向北侧置，它的上面并有一个径约一公寸大小的朽木的残遗，仅具炭烬不存原形，它的放置是与础（锧）面差不多成直角的。础（锧）的下面又有一个石卵，平面向上，端端正正地放着，两者相距约有二公寸的样子。铜础（锧）上面，平面稍凸，下面中心稍凹，很易放平，根据这种情形作以下的推测：

甲、石卵（础）是垫铜础（锧）的，所以放在下面；石、铜中间的灰土作用系稳固铜础（锧）的支垫品的后身。

乙、铜础（锧）是用以竖柱的，上面有木质的残遗。

从这里我们可以看到殷人在建筑物上已知道用卵石为柱础了，用铜为锧，办法比西安半坡所发掘新石器时代的夯土办法进步多了。这些卵石当然是天然的，为的是取材方便，不必加工就可应用。接着到战国董安于治晋阳宫之室，亦以铜为锧，可见那时仍还沿用着旧办法。

汉代的柱础，我们根据汉画像石及墓砖可以得到三种不同的形式：

甲、其中二种形式作石卵状，础石向上凸起，插入柱的下部。此式虽然在结构上略能联络柱与础石的关系，但因柱上重量如果超过柱的断面所能担任的范围，或上面的重量是偏心加重，则柱下部一定会破裂发生危险的，因此这种形式渐归于淘汰（图3）。

乙、形式像一个倒置的“栌斗”（斗拱下最大的一只斗），看上去虽然有些像明清二代的“柱顶石”（础），不过它的“欹”（四周向下斜杀的部分）都很高，不像“古镜”，并且“欹”部下还有一部分方座，露出在地面，所以与明清的“柱顶石”有所不同（图4）。

至于山东沂南古墓中石柱的柱础已作“覆盆”状，显然比上述进步，是墓年代究属东汉抑西晋尚未能作定论，姑以柱础的形式而论，似乎时代不会过早的。

六朝这个时代，佛教在中国已非常昌盛，同时通过佛教又传入了许多外来的建筑艺术形式，尤其在装饰花纹方面。无疑地，柱础必然会受影响，将实用与美观联系起来，其见于山西大同云冈石刻的有人物狮兽等形状（图5），更有须弥座式的，而与后世关系最大的当以“覆盆”“莲瓣”二种，而六朝的“莲瓣”在构图上是比较高瘦古朴，在艺术造型的处理上，还是简单与浑厚的，技巧亦原始生硬。这种形式到了唐代还沿用着，如河北正定开元寺钟楼、山西五台山佛光寺正殿等的实物（图11）及陕西西安大雁塔门楣石刻（图13）、敦煌壁画等所示，曾有“覆盆”“莲瓣”诸式，不过构图已臻复杂，权衡比较低矮，“覆盆”上已有了“盆唇”。佛光寺柱础其方微少于柱径之倍，以宝装莲花为装饰，“覆盆”之高约为础方的十分之一，与宋代《营造法式》所规定的相近。莲瓣宝装之法，每瓣中间起脊，脊两侧突起椭圆形泡，瓣尖卷起作如意形，是唐代最通行的作风。今夏与刘敦桢师同上五台山勘查南禅、佛光二寺的唐构大殿，他说：“在轮廓上唐代柱础较低平，视六朝末期之高瘦，显然不同，皆为重要的特征，是泡两侧线条平直，到北宋尚有沿用此法的。”这种柱础，较六朝的在艺术处理上已有显著的变化与进步，从这里我们可以说明用同样的一种题材，前者是原始的构图，而后者是艺术的加工了，从这上面去分析，在鉴定古代艺术上未始不是方法之一。河北易县开元寺毗卢殿的“莲瓣”柱础与河南汜水县等慈寺的“力人”柱础，以形制及技巧而论，可能是唐代的遗物，不过目前尚不能作肯定。

宋代柱础，今日除实物外，北宋李明仲（诫）所著《营造法式》一书，尚可看到很详细的做法说明与图（图7），《营造法式》卷一总：

释柱础条：

“淮南子：‘山云蒸，柱础润。’

说文：‘榰（之日切）柎也。柎阑足也。榰（章移切）柱砥也。古用木，今以石。’

博雅：‘础碣（音昔）磌（音真又徒年切）碽也。鑱（音谗）谓之铍（音披），镌（醉全切又予兖切），谓之錾（惭敢切）。’

义训：‘础谓之碱（仄六切），碱谓之碽，碽谓之碣，碣谓之磉（音颡今谓之石锭，音顶）’。”

由此可见，柱础有六种不同的名称，清代称柱础为“柱顶石”，其“顶”字大约是“碇”字的讹音。而础之与碽不同点，前者是直接承柱下压地者，而后者则为柱与础之间所加的板状圆盘。用法有二：一是有础无碽；一是两者并用。《营造法式》卷三造础之制云（图10）：

“造柱础之制，其方倍柱之径（谓柱径二尺，即础方四尺之类），方一尺四寸以下者，每方一尺厚八寸，方三尺以上者，厚减方之半，方四尺以上者，以厚三尺为率。若造覆盆（铺地莲花同）每方一尺，覆盆高一寸，每覆盆高一寸，盆唇厚一分。如仰覆莲花，其高加覆盆一倍。如素平及覆盆用减地平钑，

1

1 山西五台山佛光寺殿前陀罗尼幢

2 山西五台山佛光寺

2

压地隐起花，剔地起突。亦有施减地平钑及压地隐起于莲瓣上者，谓之宝装莲花。”

以上的一段文字，给我们很清晰地说明柱础的做法，按当时的制度，《宋会要·舆服》记景佑三年诏：“非宫室寺观，毋得……雕镂柱础。”但明清以后即宫殿庙宇亦有不施雕饰者，此当以北方而论，而南方官僚地主的居住建筑以及宗祠家庙，倒还有雕饰柱础的，愈往南愈踵事增华。因此我们不能一概而论了。至于雕刻方法，兹说明于下：

甲、剔地起突：就是将石深凿，剔出主题，全身突起，而以一面附在石上。

乙、压地隐起：雕琢较浅，主题只雕起半面，且以浅代深，显出全部突起的幻象。

丙、减地平钑：仿佛像线道画，雕刻花样不凸起的。

丁、素平：是磨平不加花纹的。

雕刻所用的花样，《营造法式》载有十一品：

“一曰海石榴花，二曰宝相花，三曰牡丹花，四曰蕙花（清代称卷草），五曰云文（案法式云文有曹（不兴）云，吴（道子）云之别），六曰水浪，七曰宝山，八曰宝阶（以上通用），九曰铺地莲花，十曰仰覆莲花，十一曰宝装莲花（以上并施于柱础），或于花纹之内，间以龙凤狮虎及化生之类者，随所宜分布用之。”

《营造法式》一书，虽然为北宋建筑官书，其所载形式似以当时开封建筑为主，迨宋室南渡，绍兴间王唤复重刊于平江（苏州），影响所及，证以今日江南及北方各地所存实物，尚能大致与该书所载相符，这些柱础的雕刻，所表现的手法，技术是非常工整，而构图是十分谨严，将当时通行的艺术形式，如写生花，如意图案等，都巧妙适当地安排了上去，与其他的艺术表现了同一步骤同一作风，一望便知是宋人的气息。不过作风上的气魄不及唐代的雄伟多了。现在将宋元二个时期与《营造法式》所示相近的实例分记于下：

（一）海石榴花——河北安平县圣姑庙（元）

（二）牡丹花——江苏吴县甪直保圣寺（宋，图9）

（三）蕙草——辽宁义县奉国寺（辽）

（四）水浪——江苏吴县甪直保圣寺（宋）

（五） 卷草——江苏苏州罗汉院（宋）

（六） 铺地莲花——江苏吴县甪直保圣寺（宋）

（七） 龙水——山东长清县云岩寺（宋）

（八） 宝装铺地莲花——江苏吴县甪直保圣寺（宋，图9）

（九） 八边形——江苏苏州开元寺 吴县甪直保圣寺（宋）

（十） 宝装莲花——山西霍县旧县府（元）

（十一） 覆莲——江苏吴县甪直保圣寺（宋）

（十二） 重层柱础（上刻合莲，下刻卷叶）——河北曲阳八会寺（金）

（十三） 仰莲带如意头——河北安国县三圣庵（宋？）

（十四） 盘龙写生花——河南登封县中岳庙（宋）

（十五）仰覆莲而作须弥座——河南修武县文庙（明）

至于素覆盆柱础，则宋代遗构如江苏苏州玄妙观三清殿，以及各地所存尤多，辽金建筑，以北方地基干燥，辄用平础，如山西大同华严寺大殿、薄伽教藏殿与善化寺大殿、河北蓟县独乐寺观音阁等。

础之外尚有礩，已如上述，《营造法式》卷五大木作制度二的规定（图10）：

“凡造柱下櫍，径周各出柱三分，厚十分，下三分为平，其上并为欹，上径四周各杀三分，令与柱身通上匀平（按：分系指材厚十分之分）。”

櫍与礩古皆通作质，从它的偏旁木与石来看，就可以知道其材料有木石之分，而另又有用铜，如殷墟所发现的。它是什么呢？乃是柱与柱础间的过渡物，在周代有这样的规定，《尚书大传》云：“大夫有石材，庶人有石承。”郑注：“石材，柱下质也。”《太平御览》卷一八八引《说文》“礩，柱下石也，古从木，今以石”。那么它为什么用木呢？我们现在以材料的性能来研究，及现存的遗物如江苏苏州府文庙的木鼓形礩，震泽县洞庭东山杨湾庙的鼓形板形木礩（图8），都是木纹平置，其目的可以隔潮，防止水分顺纹上升，如果柱脚朽腐，既可用礩补救，礩本身若朽，又可随意抽换，办法实佳。至于后世易木为石，因石更不易腐烂，但办法不及木制的好，而明清苏南建筑柱下施木礩，形式似法式所示，不过是平柱础了，今日苏州铁瓶巷顾宅桥厅（系明构），东北街汪宅等尚存其制，而边区如云南鸡足山清初建筑亦有木础。清段玉裁云：“余于道光廿九年冬（1849）见震泽梅堰镇显忠寺大殿柱下鼓石曾用栱木”，段氏江苏金坛人，所言与我们今日所见的其他建筑的遗物是相符合的。

这种櫍形的础，从宋代一直流传到明清，其材料有石、木、砖等，如北宋太平兴国七年（982）苏州罗汉院双塔的“倚柱”柱础、元延佑五年（1318）浙江金华天宁寺正殿柱础、江苏震泽县洞庭东山杨湾庙柱础都沿用着此法（图8），而江浙民居，到清末还有用的，据当地老年匠师云，此种形式施工便利，又节省材料，因此凡建筑物不求华丽者都用此法，可见经济实用还是其主要构成因素。至于清代北方影壁及玻璃作，亦用此法，名称则叫“马蹄撒”了。

元代柱础除应用櫍形之外，其他形式仍沿用宋代式样，如河北安平圣姑庙（元大德十年，公元1306年）、上海真如寺（元延佑七年，公元1320年）、浙江宣平延福寺（元泰定三年，公元1326年）等，都可以见到，不过上面的雕刻显然已是元人手法了，不及宋代的秀挺，其间不同点，正如看宋元的其他艺术品一样。

明清以后北京主要官式建筑，则都用古镜柱顶石，根据《营造算例》第七章石作做法（图9）：

“柱顶见方按柱径加倍，厚同柱径。古镜高按柱顶厚十分之二。”

此系大木作所用柱顶石做法，至于小木作者，如清《工程做法》卷四十八所规定：

“如柱径五寸，得柱顶石见方八寸”。

这是说明小式柱顶之宽，应按柱径加倍八扣得见方，古镜四面的曲线是像抛物线形，以古镜上面作顶点，徐杀至柱顶石的边缘。为什么由覆盆渐渐变为古镜呢？现在还找不到确实的理由，大约是覆盆的外缘线条是凸线，施工较难，而古镜的线条是向内颔，施工时较为简易的缘故。古镜的顱势，或是槓形所启示的。河北正定隆兴寺宋代的礩，已经开始有古镜的趋势，但四周的斜线，尚是直的，还没有顱势。更有流云铺云的柱础，流云见河北定县旧考棚，铺云见山东曲阜孔庙。

明清间有用宝装莲瓣的，然做法已臻程序化，即清式所称“八大满”者（图6）。南方除石鼓形柱础勃兴外，因地处卑湿，所以石础部分必然较高，而式样亦较多样化，差不多将它变作为脱离实际的装饰品，现在不一一细赘了。为什么石鼓形柱础会普遍地应用呢？我们从宋元遗构中往往见到在覆盆柱础上加上一个木鼓（苏州玄妙观三清殿系石鼓，是原物抑后加，尚难肯定），为的是柱与地面距离可以高些，以防朽腐，但如此非用两层的办法不可，显然是不经济，不如将石鼓加高，取消覆盆来得干脆。可是一些明清的豪华建筑，其石鼓或木鼓下仍然用覆盆。雕刻作荷叶形，很舒卷悦目。例如洞庭东山的杨湾小学的苏州拙政园远香的虽无木鼓，而覆盆的雕刻很精美，当系明代旧物。至石鼓做法，询诸香山（属吴县）匠师，大概如下：

“柱径一尺，石鼓底径亦一尺，面径一尺一寸八分，鼓径一尺六寸。底石三尺二寸，四周再出旁（胖）水（势），令其圆和，杀法见图。”

这是苏南的一般做法，其他各地有的做成鼓形，有的比例略与此不同，不过大致出入不太大。我又在勘查浙江余姚保国寺北宋祥符时所建正殿时，发现该寺清初重修时有一种介于石鼓与石磌间的形式，同样在宁波城内清初的旧宅中亦能见到，所以一种形式的产生，必定相互间有其关系，石鼓的出现不是没有发展过程的。

以上所说的一些都是从正规的发展中而言，当然尚有许多变例，因为柱础由结构的需要而产生，后来渐渐与艺术结合起来，而雕刻形式的繁简还是基于经济基础。既然是起了艺术作用，因此做法比例雕刻上间有一些出入，反映了时间空间条件的不同，我们在判断柱础年代以及研究其形式时，希望大家还要注意这点才是。

3
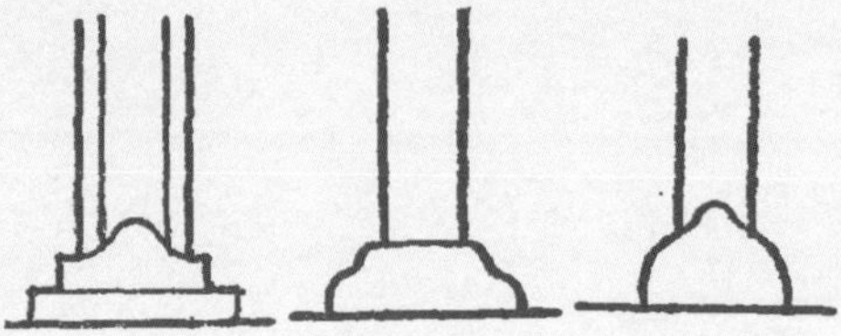

4
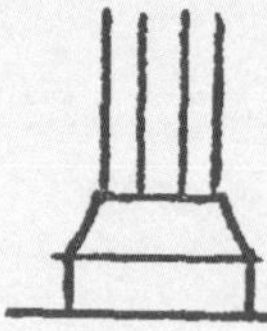

5
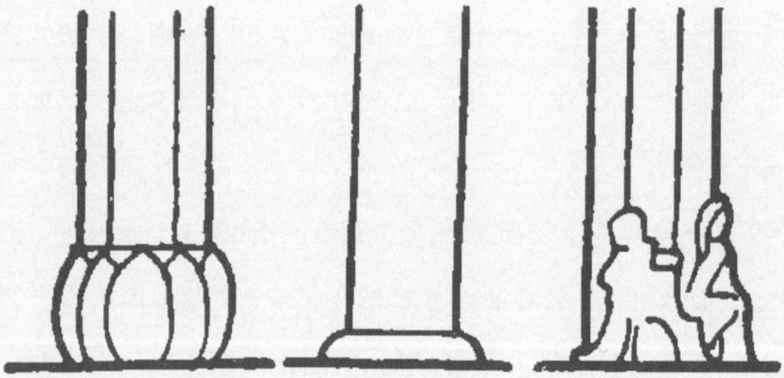

6
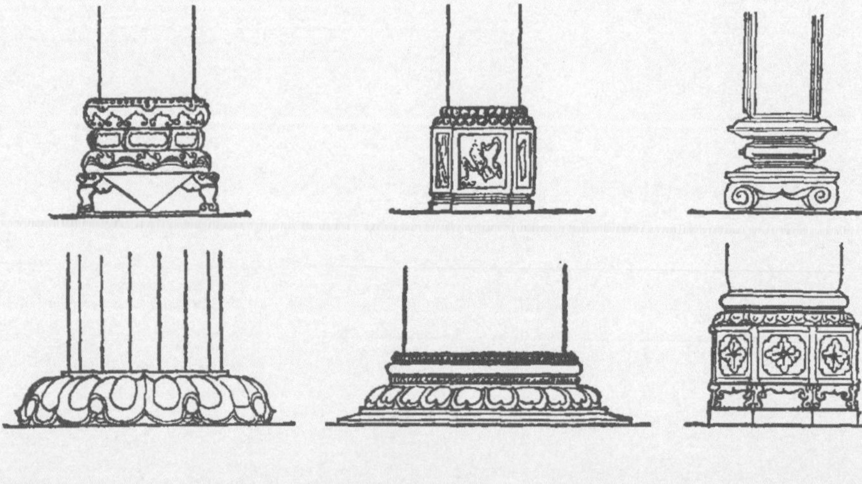

3 汉武梁祠石刻

4 汉孝堂山郭巨祠

5 六朝 大同云冈石窟

6 各式柱础

7 宋《营造法式》卷29所示柱础八种

（1）铺地莲花
（2）剔地隐起海石榴花
（3）龙水
（4）减地平钑花
（5）仰覆莲花
（6）宝相花
（7）压地隐起牡丹花
（8）宝莲花

7

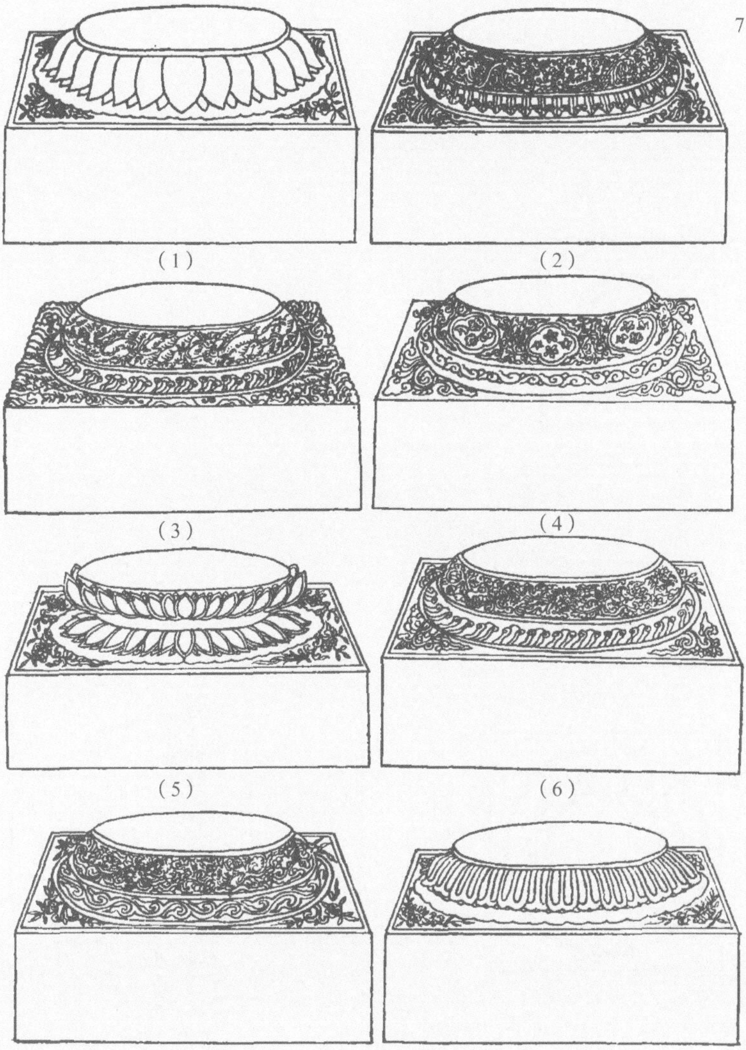

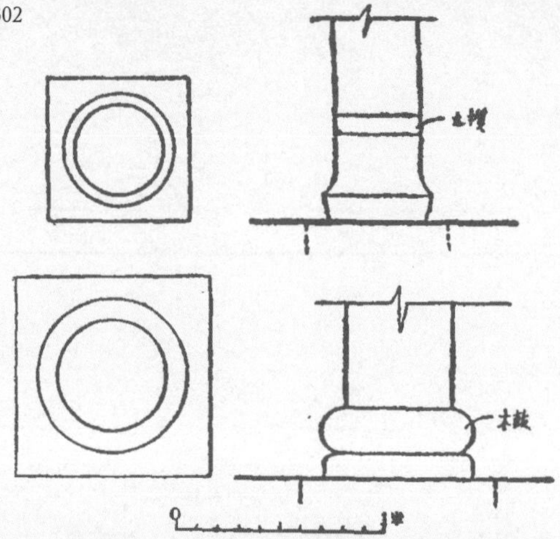

8

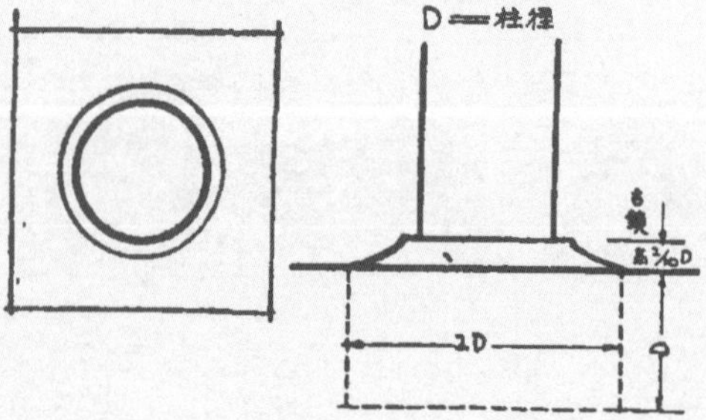

9

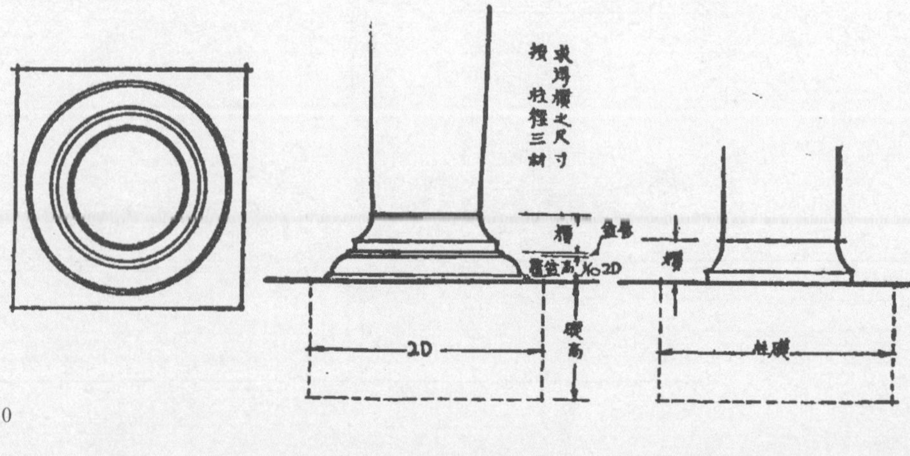

10

8 江苏震泽县洞庭东山杨湾庙柱础

9 清式柱础

10 宋式柱础（按宋《营造法式》卷3、卷5绘）

11 山西五台山佛光寺大殿柱础

12 河南安阳小屯铜（般）

13 唐 西安大雁塔门楣石刻

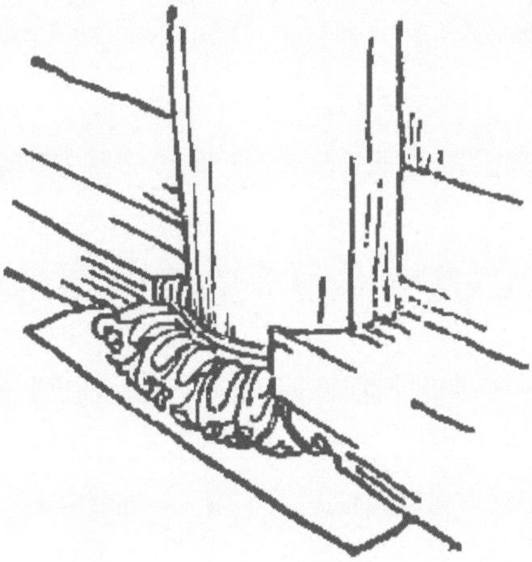
11

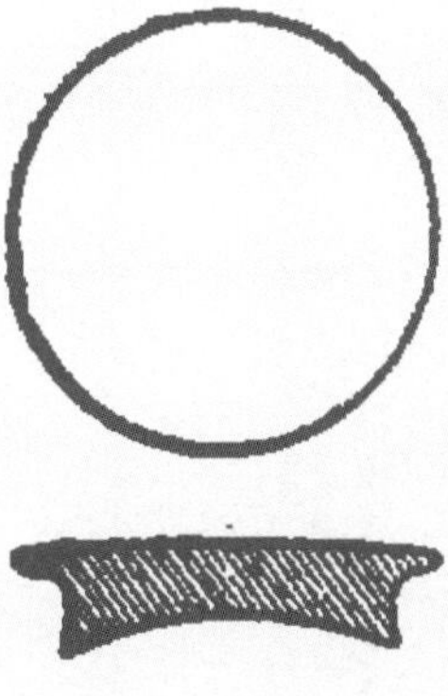
12

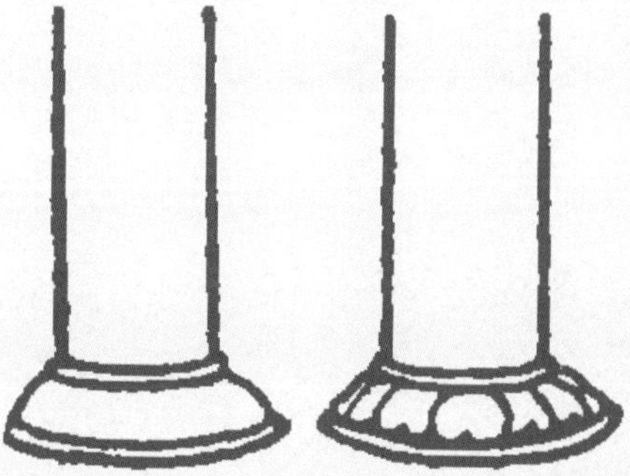
13

朱启钤与中国营造学社

紫江朱桂辛先生启钤创办中国营造学社，为我国近代研究中国古代建筑之学术团体，栽植人才者甚众，新会梁思成、新宁刘敦桢等皆出其门。予执简较迟，得奉其绪余，以公所述及得之梁、刘二公，致平则兄等所言，志其经过如下：

1919年春，紫江朱先生于江南图书馆见宋李明仲《营造法式》，惊为异书，进一步坚其组织人员研究古建筑之志。开始用力于古籍之整理，《营造法式》《园冶》《一家言·居室部》等。社员阚铎、瞿宣颖、陶湘等襄助其成。经费朱独任之，闻以其中兴煤矿总经理之薪充用。其时尚无正式办公之处，北京东城宝珠子胡同七号朱宅之外进即聚会研求之所。后营赵堂子胡同宅（朱先生亲自规划改建，院子一面廊。厅平棋用宋式彩画，柱础漆制。皆以古法为之。前廊装玻璃窗，采光甚好。宗江尝为我道及曾在此间阅图谱之情景也）。学社正式成立在1929年（1928年春于中山公园展出古建及文物展），旋接受中华教育基金委员会之补助，董事长为周贻春（清华大学老校长），朱先生至交也。1931年九一八事变，梁思成离东北大学加入学社，继之刘敦桢自南京中央大学来此。梁、刘盖皆与朱有世谊。自梁、刘加入学社后，遂于研究工作有所更新，效西方之研究方法，复受胡适等之整理国故思潮影响，不仅囿于古籍之整理，以调查古建与文献整理相辅而行，梁、刘分任法式、文献二主任名义，实则工作并不严格分工也。朱先生任社长，老而为学弥坚，皆以桂师尊之。中华教育基金每年补助一万元。其他中英庚款补助者为图籍编制之费，尚有临时捐款，盖学社设董事会，诸董事皆当时所谓“巨公名流”，必要时皆有所捐输。朱先生不支薪，其个人捐款，出之于其所任中兴煤矿总经理职之收入中。致平云：中英庚款至解放前夕（是年春）尚寄二千元美金与梁思成，助学社者。1932年，学社社址自朱宅迁中山公园办公，即天安门内西朝房也。抗日战争始，学社内迁，朱先生年高居沪，周贻春代理社长。先四年设社址于云南昆明北郊龙泉镇麦地村内。后以海防（越南地名）形势紧张，迁至四川南溪县李庄镇，其地中央研究院历史语言研究所、社会科学研究所、同济大学等皆在焉。胜利后迁回北京。在李庄时期因为中央研究院编纂中国建筑史史料，其时社中人员生活费由“中国建筑史料编纂委员会”支出，则教育部款也。梁思成带致平、宗江诸人皆在清华大学建筑系，刘敦桢早脱离学社重回中央大学，学社早陷于若有若无之间。解放后学社资料基本上归清华所有，只有一部分今存北京文博图书馆。曩岁朱先生嘱余增补《哲匠录》，原稿即借自该馆者。1953年夏，朱先生曾嘱孙文极、叶恭绰、刘敦桢、刘致平、陈明达、单士元、罗哲文及余等商于东四八条朱宅，拟恢复学社，余与诸人皆认为国家现有研究机构，学社似可不必再办，致平独以为不然也。

刘士能师敦桢尝告我其参加中国营造学社之经过。初，紫江朱先生办社于北京，梁公思成于1931年入学社。其时刘尚任教于南京中央大学建筑系。朱、刘原属世谊（刘曾祖长佑湘军，任云贵总督），曾以所著请益于朱先生，并在汇刊发表。朱过南京，刘往谒，邀往北京入学社，遂脱离中大。其时梁思成之薪金月支三百元，刘少梁五十元（后各加五十元），盖留日故也。此时以留英美欧洲并具学位者为贵。梁、刘固各有已见，在北京朱先生尽为调和，至学社迁西南，朱先生未往，二公矛盾遂突出矣。其时虽梁处外务，刘主内政，但终不能释其学术上之互争也。刘卒率陈明达脱离学社，刘返中大，陈另有所就，陈为刘湖南同乡（长沙人）也。

姚承祖与《营造法原》

晚近苏州香山匠师姚补云，名承祖（字汉亭，祖灿庭著有《梓业遗书》五卷。姚设姚开泰木作于苏州），曾任教苏州工专，1938年殁。知者众，因著《营造法原》一书，并承建灵岩山大殿及怡园藕香榭、邓尉香雪海亭等，且经紫江、新宁二师，及友人张至刚为之宣扬，其名不可没也。（姚有《补云小筑图卷》，前列其营造诸构图及记，后紫江师一跋，已见汇刊。此图予于苏州朱藻初处一见。）第贾林祥、顾祥甫二师傅却知者罕矣。贾、顾皆香山人，为师弟兄，顾略长于贾。二师傅传香山绝技，多实际经验。贾晚岁任职苏南工专，曾修建苏州皇宫前牌楼，为工专制重檐歇山顶及厅堂二模型，极精，后工专并西安建筑工程学院（后改冶金学院），客西安，近古稀退休返吴。[贾师傅生于清光绪十七年（1891）二月，家世业木作，祖耕年业木作。伯祖椿年、叔祖清年则业机织。父钧庆承祖业，二十四岁建上海天后宫（在河南路桥），寿至九十四岁。（贾师傅告予其父肖鸡，则似生于1861年。）]予于1953年、1954年兼课工专，得相识，时往请益，惠我甚多。因贾而得识顾公，邀之来同济，其时修建南北楼屋顶原拟用古典，请其翻样。遂留同济数年，精制苏式建筑模型，计有旱船、扇面亭、厅堂、殿堂、鸳鸯厅、六角亭、梅厅，及官式庑殿、硬山、宋式斗拱等，予日亲其座请益，诲我不倦。而此苏式模型数具，亦全国仅有之作，是辅《营造法原》之不足，留一实物于人间，殊可宝也。顾师傅客南浔庞氏久，庞氏园之建筑出其手，苏州江苏师范之六角亭亦其所建，上海和平公园旱船则为其晚岁之作，时已古稀之年矣。盖经其目营心计，亲自操作者，固不仅此数端而已。顾师傅能设计绘图，予尚得其透视图一张，今藏同济大学资料室。其口授笔记者，予有《殿堂施工》一文。邹生宫伍，吴人，晚侍顾师傅，曾记录《鸳鸯厅施工》一文，所惜者其最后精制花篮厅模型已失。贾、顾二师傅皆沉默寡言，有所询必诚恳告人，亲自操作。顾公回苏，七十余卒，每遇人道与予相处种种，语多溢美，为之谶惭，今距其下世近十年矣，每一忆及，令人腹痛。为此，他日辑《哲匠录》者，应志此二公焉。

民初修建崇陵及光绪奉安

阅杜如松《民初修建清室崇陵和光绪“奉安”实况》一文（从案：1913年春始赶建），其有关建筑及史实者摘录于后。杜当年充任驻守西陵禁卫军连长，又为仪仗队之成员。

光绪死后，才由宣统帝下谕派溥伦、陈璧二人为勘吉地大臣。勘定“万年吉地”的方法是：首先根据“二十四山向”，用罗盘测定一块祥瑞土地，做出标志，谓之“点穴”。在这个穴位上掘成一个磨盘大小的圆坑，谓之“破土”，圆坑名曰“金井”。然后在掘好的圆坑上覆盖以斛形的木箱。光绪皇帝的梓宫就“暂安”于行宫的正殿内。承建崇陵的厂号，有兴隆木厂、斌兴木厂、德源木厂、广和木厂、二合公柜、三合公柜等二十余家。工程开始时，仅有架子工和壮工数百名，至工程紧张时，每日上工人数总在六千名左右，经过一年半时间，才大致完成。暂安殿又称“芦殿”。当时光绪皇帝和隆裕皇后的梓宫（从案：隆裕1913年旧历正月逝世，3月梓宫专车运至）都正在上漆，工匠们都是内务府吃钱粮的人，他们进暂安殿里应差，叫作“进匠”。每名工匠都有腰牌一面，上打火印。进匠时首先要验明腰牌，而后搜腰，除了应用的工具外，一概不准携入，工作时另有专人监视。帝后梓宫大致相同，都是内棺外椁。内棺看不见，外椁很高（若放于平地，左右各站立一中等身材的人，彼此谁也看不见谁），平头齐尾，两侧板直。棺盖向上倾坡，于前端按一木板葫芦（用金属合叶安装于棺盖上），可起可落。这是满洲式棺材，名“葫芦材”。棺材上面上的是米色（麻酱色）油漆，皇帝的棺材上面有漆绘金龙。皇后的棺材上面则为彩凤。据内务府官员说，皇帝和皇后的棺材都上漆四十九道，每上漆一道，同时另在一块木板上也上漆一道，作为记录，临到四十九道漆上完时，就根据木板断面漆的层数厚度来检验质量。

隆恩殿内设有木制金漆龛，龛内供着木主神牌，前面设有桌案、供器。明堂设拜台、两旁摆着戳灯式的方柱，上系方木盘，盛着装“册宝”的木匣（册简、印、木制、满汉文）。隆恩殿两侧紧挨着后墙，有一架帷以黄云缎的绣花床帐，内放黄缎绣花枕衾和衣冠带履等物。关于这一架床，有二种说法：一说是皇帝于大婚礼时用过的吉物，一说是皇帝宾天时所用的灵床。东西配殿是皇后和贵妃的木主神牌。修陵的步骤，是先搭棚后动工，开工之前，就以万年吉地的“金井坑”为中心，支搭一座高十三丈、圆径六十丈的大圆席棚。据说先搭棚后动工，是为了掩蔽日月星三光的照射，也有人说是为了防备空中飞鸟的遗矢。搭好了棚之后，仍以金井坑为中心，开始在棚下掘地除土，深达三丈有余，然后铺垫三合土（黏土、沙土、白灰），分层用夯打固二丈、下余丈余砌铺渣石。基础完工后，就开始建筑直径六丈的地宫下宫殿。地下宫殿是根据旧成法和一定的方式，用预制的凿磨细致的汉白玉石块。选用技术最高的工人，在走工人员（技师）指挥监督下砌成的。地下宫砌好后就分为内外两部分施工。外部工程是先在汉白玉石外面砌以粗渣石，再在粗渣石外面用大砖砌成为普通城墙式的大圆丘（即所谓“宝城”），并砌出高丈许的垛口。在各垛口下脚都留有向城下流水的汤眼。宝城上面铺垫约三丈厚的二合土（黏土、沙土），除了用夯打固外，特别选用百数名小儿登城踩踏，每日早晚二次，每次二小时，一共五日，名之曰“童子夯”。

一、“石龛”和“石床”：地宫内部直径六丈，在后缘建有二丈宽的汉白玉石龛，下面是石床。在石床的当中，有凿透成轱辘钱形状的一块大方石覆着“金井”，直通地中，以交流生气。

二、“龙须沟”：在石床上面两角上，各开一个二寸见方的石孔，直通床下角的孔口。据说是为了预防万一地内有水从石床上轱辘涌出来的时候，就可以从床角上孔道流下石床，不致妨及床上的梓宫。自床下的孔口起，沿着地宫两侧，又凿有由高渐低的小浅沟各一道，顺高地宫隧道直至护陵河，这两道干沟，名“龙须沟”。

三、石门：地下宫有一道石门，隧道有三道石门，构造形式和关闭的方法皆相同。每道门都是两扇，用铜包裹门枢，安在铜制的坎上。在门坎的平行线内面汉白玉石铺成的地上，紧挨着石门下角里面，凿有两个约有半个西瓜大小的石坑；对着这两个石坑里边约二尺之地面上，也凿有两个浅坑（仅是两个凹臼），并在这深浅坑中凿出一道内高外低的浅沟。另外每扇石门都预制好西瓜大小的石球一个，放于石门里面的浅坑上。当奉安礼成，关闭石门的时候，二扇门并不合缝，中间离有三寸许空隙。然后用长柄钩从石门缝伸进石门，将浅坑里的石球向外钩拉，这石球就沿着已凿好了的小沟滚进了门边的深坑。合了槽，恰好顶住了石门，从此，除非设法破坏，这石门就不能打开了。

“奉安”的准备事项：一、修筑道路：修理奉安经行的“御路”，除了平高垫低、修桥掘渠之外，还要铺垫黄土。二、演习皇杠：光绪皇帝的杠，是用的所谓“独龙杠”。独龙杠是用一根前按龙头、皇杠、龙尾的大杠为轴心，并用加倍法以一百二十八人组成的大杠。杠外装置葫芦金顶，黄缎绣金龙的棺罩，罩顶上系有二条绒绳，披于前后两侧，有佚四名，各牵一头。棺材两侧各有十二名杠夫，各举拨旗（红漆竹杆，上挑尺二见方黄旗）。棺材前面有两个身穿孝衣，头戴去缨秋帽的人手敲响尺（系约二尺长和一尺长的木尺各一根，用绳相连，用小尺敲大尺），以引导皇杠的行进。抬杠员工都是包衣旗人，一律身穿紫色团花麻驾衣，黄手套、黄靴罩、土黄套裤，头戴盆式的黑毡帽，上安朝天黄鹅翎。三、设置临时运灵车；自地宫外口至地宫石床上，特仿轻便铁路式样，铺就木制阴槽轨道（用铁道枕木凿出纵长的槽），在轨道槽上铺以绵毯，上面置一硬胶皮轮的平车，车上铺以棕毯，以备放置梓宫。

“奉安实况”：辞灵致奠后，先用六十四人杠（小杠）将梓宫抬至行宫前大道上，换升大杠（一百二十八人独龙杠）。太宁镇绿营马队在最先头开道，并有一部禁卫军及宪兵沿路警戒外，在銮舆卫所属的銮驾范围内，最前是三十二人抬着红漆四方木架，中间装置一根红漆旗杆（官文书称丹旐）。在幡杆后面，有木制彩漆的斧钺枪棍、熊虎常旗。其后是一班满洲执事，执大门纛一对，小旃旒八棍，形式相同，俱用红漆，杆挑着直幅黄帛，金龙、红边的“驱路”（满语译音）。驱路与幡杆相似，只是无铃成对。其次是大轿和小轿。小轿无帷，仅是一张大椅，上铺豹皮。随后是彩绸扎的影亭，跟着一柄黄缎花伞。下面是金鼓重乐器和笙管笛箫轻乐器各一班。再次有身穿孝衣的两排人，手托着木盘，盘内放着檀香炉，燃着檀香，分左右二班，一面走，一面用有节奏的调子接连不断地发出举哀的声音，俗称“呼小呐”。另有一班身穿孝衣的人，沿路向天空和路上撒纸钱，从起杠起，随走随撒，直到落杠为止，把所经的道路上都铺得满满的（我尚记得当时有三辆棚车满载纸钱，在道旁随行，到了宫门尚余半车）。随后就是由禁卫军部队第三标统率领营连长和第一连官兵所组成的仪仗队，官长抱刀，士兵荷枪上刺刀。在队伍后面便是和尚、道士、尼姑、道姑、喇嘛的行列。他们都穿着各本教的法衣，手执法器，不断地吹奏念经。喇嘛的唪经方式和法器都有些特殊。“格司贵”（达喇嘛）身穿黄布袍子，白布褂子，斜披着紫色“哈达”，足登青靴，头戴挑顶黄秋帽，手托木盘，盘内放着用软面（他们呼为“巴拉面”）捏成的灯和塔，灯还燃着。“得不奇”（二喇嘛）的衣帽与达喇嘛一样，手执法器铜铃。其余各喇嘛都穿着黄布袍子，斜披着紫色布代哈达，青靴子，戴着去掉结子的黄秋帽。喇嘛组的前引是一对两丈有余的大铜号（他们呼作“元筒”）。每支号前有一人用黄绒绳提着，后边有一个人吹奏。两支号轮流吹奏，一起一落，声音极响。跟着是插把鼓二对，每个鼓用一人荷负，一人敲打。此外有手摇的“人皮鼓”，人骨制成的“金口角”等蒙藏轻重乐器。再后面就是执绋恭送的王大臣们了。王大臣等一律穿着青布袍褂、青布靴子，戴着去掉顶翎的秋帽（因为皇帝宾天已过三周年，故不着缟素）。这是杠前的大致情形。在杠后尚有一小部分行列。紧随杠后有一班人，全身行猎装束，穿着灰布袍子、黄坎肩红边、青靴子，头戴秋帽，上缀豹皮叉尾，骑着马，手执矛，挂着刀，名叫“后扈”。其后便是隆裕皇后的影亭、凤辇（轿式的车）和九十六人杠。在皇后大杠后面，还有些车辆和备差员工等。到了吉时，烧了纸，撒了纸钱以后，即起杠。经过半碑店，进了

“口字门”（在整个西陵区域四面围有围墙，名“风水墙”。这里所说的口字门是指风水墙东面的门，即东口字门。西口字门在紫荆关外，属广昌界），直达崇陵的牌楼门。随即换了六十四人杠，抬至地宫外口，安放于特备车上，施以保险设备，左右有护卫人员，前后有杠夫牵引着黄绒绳，打响尺的一前一后，前敲后应，徐徐将灵车升堂入殿，移上了石床。后由钦天监指挥杠夫将梓宫按着山向，奉安于石床中央的“金井”上面。随后也同样将隆裕皇后的梓宫奉安于皇帝梓宫左旁齐头微低一些的位置。合了葬，奉安礼成，即布置殉葬事宜。殉葬物品除石桌、供器、万年灯（是用两口大缸装满了植物油，覆以盖，上面正中置一灯台，系以灯捻，直通缸内，临时燃着）、册宝之外，其余大半是生前用过的衣被和心爱的文玩、金银器皿，以及佛经、香料、金玉等贵重镇压品。布置妥当后，恭送人员先后退出地宫，前去朝房更换吉服（顶翎齐备的朝衣朝服）。在这时候，有专人关闭石门（顶上石门）。四道石门都关闭后，就由事先派定的瓦工抢砌哑叭院的琉璃影壁，堵绝地宫门的外口。王大臣等在朝房休息片刻，即齐集于隆恩殿虞祭，由鸿胪哈番（满语、官员）赞礼，行三跪九叩首礼，礼成后退出，仍回朝房更换便服。除有尚未完成任务的少数人员外，其余人员都回梁极庄，乘专车返京。